教科書 要点

ズバっ

新しい数学 1年

東京書籍

この本の構成と特色

この本は，東京書籍版教科書「新しい数学１年」に完全に対応した**要点まとめ本**です。教科書の内容が要領よくまとめられていますので，定期テスト直前にすばやく効果的に暗記・学習することができます。

要点　各節の項目ごとに教科書の要点をまとめてあります。テストの直前にもう一度確認しておきましょう。

重要！例題　テストによく出る問題を例題形式で取り上げ，解き方を示してあります。

用語・公式 check!　基本的な用語や公式を確認する問題です。時間がないときは，ここだけでもチェックしておきましょう。

節末練習・問題　節ごとの内容をどれくらい理解できているか確認する問題です。

これが出る！定期テスト対策　定期テストを想定した予想問題です。力だめしにチャレンジしてみましょう。

暗記用フィルターの使い方　暗記してほしい大切な項目や問題の答は，フィルターを上にのせると見えなくなるような赤色になっています。

目　次

0章　算数から数学へ
1節　整数の性質 …………………… 4

1章　数の世界をひろげよう
——正負の数
1節　正負の数 …………………… 6
2節　加法と減法 ……………… 10
3節　乗法と除法 ……………… 15
4節　正負の数の利用 ……… 24
◆定期テスト対策 ……………… 25

2章　数学のことばを身につけよう
——文字と式
1節　文字を使った式 ……… 28
2節　文字式の計算 ………… 35
3節　文字式の利用 ………… 41
◆定期テスト対策 ……………… 45

3章　未知の数の求め方を考えよう
——方程式
1節　方程式とその解き方 … 48
2節　1次方程式の利用 …… 54
◆定期テスト対策 ……………… 63

4章　数量の関係を調べて問題を解決しよう
——比例と反比例
1節　関数と比例・反比例 … 66
2節　比例の性質と調べ方 … 71
3節　反比例の性質と調べ方 … 77
4節　比例と反比例の利用 … 82
◆定期テスト対策 ……………… 83

5章　平面図形の見方をひろげよう
——平面図形
1節　図形の移動 ……………… 86
2節　基本の作図 ……………… 92
3節　おうぎ形 ………………… 99
◆定期テスト対策 …………… 101

6章　立体の見方をひろげよう
——空間図形
1節　いろいろな立体 ……… 104
2節　立体の見方と調べ方 … 106
3節　立体の体積と表面積 … 115
◆定期テスト対策 …………… 122

7章　データを活用して判断しよう
——データの分析と活用
1節　データの整理と分析 … 126
2節　データの活用 ………… 126
3節　ことがらの起こりやすさ … 131
◆定期テスト対策 …………… 133

0章 算数から数学へ

1節 整数の性質

要点

素因数分解 教 p.10～p.13

自然数《しぜんすう》…… 1以上の整数。

素数《そすう》……2, 3, 5, 7, …のように，1とその数自身の積でしか表せない自然数。

ただし，1は素数ではない。

素因数分解《そいんすうぶんかい》……84＝2×2×3×7のように，自然数を素数だけの積で表すこと。

例　84を素因数分解する手順

・下のように，84を素数でわっていく。

84 ＜ 3, 28
28 ＜ 7, 4
4 ＜ 2, 2

84＝2×2×3×7

・また，次のようにしてもできる。

1　84を素数で順にわっていく。

2　1の素数の積をつくる。

84＝2×2×3×7

2)84　2でわる
2)42　2でわる
3)21　3でわる
7

重要例題

例題1 1から20までの整数のうち，素数をすべていいなさい。

〈解答〉 2, 3, 5, [7], [11], 13, [17], 19

例題2 126を素因数分解しなさい。

〈解答〉 1　126を[素数]で順にわっていく。

2　1の[素数]の[積]をつくる。

(2×3×3×7)

[2])126
[3]) 63
[3]) 21
[7]

用語・公式 check!

□2や3のように，1とその数自身の積でしか表せない自然数を何というか。　素数

□自然数を素数だけの積で表すことを何というか。　素因数分解

□24を素因数分解すると，2×2×2×□と表せる。　3

□42を素因数分解するとどうなるか。　2×3×7

節末練習・問題

〔整数の性質〕

1　次の数のうち，素数をすべていいなさい。

0，3，20，31，43，57，63，77，87，93，101

（　3，31，43，101　）

2　次の数を素因数分解しなさい。

(1)

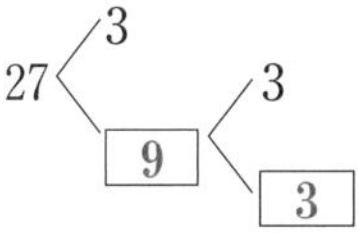

（　3×3×3　）

(2)

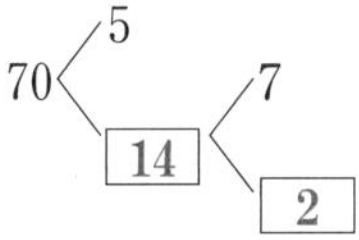

（　2×5×7　）

(3)　45

3) 45
3) 15
　　5

（　3×3×5　）

(4)　66

2) 66
3) 33
　 11

（　2×3×11　）

(5)　72

=2×2×2×3×3

（2×2×2×3×3）

(6)　120

=2×2×2×3×5

（2×2×2×3×5）

1章 数の世界をひろげよう
──正負の数

1節 正負の数

要点

❶ 符号のついた数 教 p.20〜p.22

正《せい》の数…… 0より大きい数。

負《ふ》の数…… 0より小さい数。－を使って表す。

整数

…，－3，－2，－1，0，1，2，3，…

負の整数　　正の整数（自然数）

正でも負でもない数

★**符号《ふごう》**　＋(**プラス**)を**正の符号**，－(**マイナス**)を**負の符号**という。

注 ＋2や＋3は，2や3と同じ数である。

重要例題

例題1 0より0.3大きい数を，＋，－の符号を使って表すと，［＋0.3］となる。また，0より8小さい数は，［－8］と表される。

例題2 400円の収入を＋400円と表すことにすれば，［－200］円は200円の支出を表している。

例題3 ある日の琵《び》琶《わ》湖の水位が，基準としている水面の高さよりも18cm低かった。これを正負の符号を使って表すと［－18］cmとなる。

例題4 基準の地点Aから東へ10m移動することを＋10mと表すとすれば，Aから西へ5m移動することは［－5］mと表される。また＋3mとはAから［東］へ3m移動することを示す。

要点 ❷ 数の大小 教 p.23～p.25

原点《げんてん》……数直線上で0が対応している点。

数の大小……数直線上の数は，右にある数ほど大きい。

絶対値《ぜったいち》……数直線上で，ある数に対応する点と原点との距離。＋2の絶対値は2，－1の絶対値は1。

★不等号　大小を表す記号＜，＞

－2と＋1では，－2のほうが＋1より小さいので，－2＜＋1 または ＋1＞－2と表す。

絶対暗記

・正の数は絶対値が大きいほど大きい。

・負の数は絶対値が大きいほど小さい。

・正の数は0より大きく，負の数は0より小さい。

重要例題

例題1 次の各組の数の大小を，不等号を使って表しなさい。

(1)　－2，＋10　　(2)　－7，－8　　(3)　－5，＋1，－3

〈解答〉 (1)　正の数は，負の数より大きいので，－2［＜］＋10

(2)　数直線上で，［－7］のほうが右にある数なので，－8［＜］－7

（－7と－8で絶対値が大きいのは［－8］。負の数は絶対値が大きいほど小さいので，－8［＜］－7）

(3)　数直線上で，もっとも左にある数は［－5］，もっとも右にあるのは［＋1］なので，［－5］＜［－3］＜［＋1］

例題2 絶対値が4になる数は＋4と［－4］

用語・公式 check!

□0より5.7大きい数を，＋，－の符号を使って答えなさい。　＋5.7

□0より2.4小さい数を答えなさい。　－2.4

□－5℃は何と読むか。　マイナス5℃

□＋5の＋の符号，－5の－の符号を，それぞれ何と読むか。　プラス，マイナス

□0より大きい数を何というか。　正の数

□負の符号がついた数を何というか。　負の数

□正の整数を□ともいう。　自然数

□－5，0，＋1，＋1.5，2のなかで，自然数であるものをすべて答えなさい。　＋1，2

□0℃より6.5℃低い温度を，－の符号を使って表しなさい。　－6.5℃

□300円の利益を＋300円と表すと，200円の損失は何と表されるか。　－200円

□

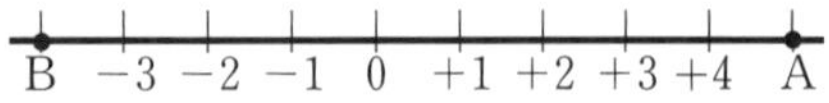

上の数直線で，点AとBに対応する数は何か。　点A　＋5　点B　－4

□数直線上で0が対応している点は何か。　原点

□数直線上で，ある数に対応する点と原点との距離を，その数の何というか。　絶対値

□＋8の絶対値は何か。　8

□－5の絶対値は何か。　5

□絶対値が2より小さい整数をすべてあげなさい。　＋1，0，－1

□－8と＋2ではどちらの数が大きいか。　＋2

□－2と－6ではどちらの数が大きいか。　－2

節末練習・問題　教 p.26

〔反対の性質をもつ量〕

1　次の□にあてはまる数やことばをそれぞれ答えなさい。

(1)　現在から 8 分後を＋8分とかくと，－6分は［6 分前］を表す。

(2)　体重が 1 kg 増加したことを＋1kgとかくと，－2kgは体重が 2 kg［減少］したことを表す。

〔正負の数と数直線〕

2　次のA～Dの数を，下の数直線上に示しなさい。

A　－5,　　B　＋3,　　C　$+2\frac{1}{2}$,　　D　－1.5

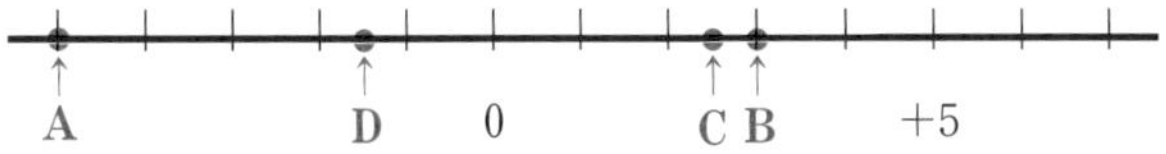

〔数の大小〕

3　次の各組の数の大小を，不等号を使って表しなさい。

(1)　＋6，－7　　（　－7＜＋6　）

(2)　－23，－16　　（　－23＜－16　）

(3)　－5，＋4，0

（　－5＜0＜＋4　）

アドバイス

1，5，2 の大小を 1＜5＞2 と表すと，1と2の大小がわからないので，必ず 1＜2＜5(5＞2＞1) と表す。

〔絶対値〕

4　次の数のなかで，絶対値が等しいものはどれとどれか。

－5，＋0.4，0，－1，＋5，$+\frac{1}{4}$，－0.4

（　－5　）と（　＋5　），（　＋0.4　）と（　－0.4　）

2 節　加法と減法

要点

❶ 加法　教 p.28～p.31

正負の数の加法《かほう》

1　**同符号**の2つの数の和……絶対値の**和**に**共通の符号をつける**。

$(+1)+(+2)=+(1+2)=+3$

$(-1)+(-2)=-(1+2)=-3$

2　**異符号**の2つの数の和……絶対値の大きいほうから小さいほうを**ひき**，**絶対値の大きいほうの符号をつける**。

絶対値大（2と2）

$(-1)+(+2)=+(2-1)=+1$

絶対値小（1と1）

絶対値大（2と2）

$(-2)+(+1)=-(2-1)=-1$

絶対値小（1と1）

注 たし算のことを**加法**ともいう。加法の結果が和である。

★・**加法の交換法則《こうかんほうそく》**　$a+b=b+a$

・**加法の結合《けつごう》法則**　$(a+b)+c=a+(b+c)$

重要例題

例題1 同符号の数の加法

① $(+3)+(+2)=\boxed{+}(3+\boxed{2})=\boxed{+5}$

② $(-2)+(-5)=\boxed{-}(2+\boxed{5})=\boxed{-7}$

例題2 異符号の数の加法

① $(-10)+(+2)=\boxed{-}(10-\boxed{2})=\boxed{-8}$

② $(-3)+(+6)=\boxed{+}(\boxed{6}-3)=\boxed{+3}$

例題3 $(+2)+(-7)+(+6)+(-4)$

$=\{(+2)+(+6)\}+\{(\boxed{-7})+(-4)\}$

$=(+\boxed{8})+(\boxed{-11})=\boxed{-3}$

正の数どうし，負の数どうしでまとめる

要点 ❷ 減法 教 p.32〜p.34

正負の数の減法《げんぽう》

正の数，負の数をひくことは，その数の符号を変えて加えることと同じ。

加法になおす

$(+3)-(+7)=(+3)+(-7)=-4$

符号を変える

加法になおす

$(+2)-(-4)=(+2)+(+4)=+6$

符号を変える

注 ひき算のことを**減法**ともいう。減法の結果が差である。

重要！例題

例題 1 ① $(+3)-(+6)=(+3)+(\boxed{-6})=\boxed{-3}$

② $(+3)-(-6)=(+3)+(\boxed{+6})=\boxed{+9}$

③ $(-2)-(+8)=(-2)\boxed{+}(-8)=\boxed{-10}$

④ $(-2)-(-8)=(-2)\boxed{+}(+8)=\boxed{+6}$

例題 2 ① $0-(+5)=0+(\boxed{-5})=\boxed{-5}$

② $0-(-5)=\boxed{0+(+5)}=\boxed{+5}$

③ $(-5)-(-5)=\boxed{0}$

④ $(-5)-(+5)=(-5)+(\boxed{-5})=\boxed{-10}$

⑤ $(-5)-0=\boxed{-5}$

例題 3

① $(+0.8)-(-0.9)=(+0.8)\boxed{+}(+0.9)=\boxed{+1.7}$

② $(-1.5)-(+0.7)=(-1.5)+(\boxed{-0.7})=\boxed{-2.2}$

③ $\left(+\frac{1}{2}\right)-\left(+\frac{2}{3}\right)=\left(+\frac{3}{6}\right)+\left(\boxed{-\frac{4}{6}}\right)=\boxed{-\frac{1}{6}}$

④ $(-3)-\left(-\frac{1}{4}\right)=\left(-\frac{12}{4}\right)+\left(\boxed{+\frac{1}{4}}\right)=\boxed{-\frac{11}{4}}$

要点 ❸ 加法と減法の混じった計算 教 p.35~p.37

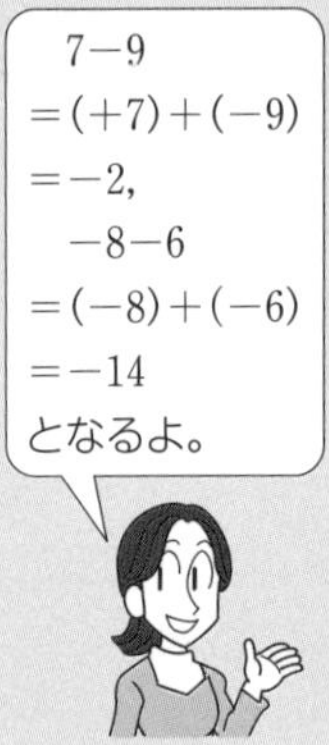

かっこのない式の計算

$7-9$は，$+7$と-9の和と考えて計算できる。また，$-8-6$は，-8と-6の和と考えて計算できる。

項《こう》……$8-2+4-6$という式で，$+8$，-2，$+4$，-6を$8-2+4-6$の**項**という。

$(+8)+(-2)+(+1)+(-7)=8-2+1-7$というように，かっこのついた式から，かっこと加法の記号＋をはぶいて，項だけを書き並べた式になおせる。

加法と減法の混じった計算

例　$3+(-6)-(-2)-5$

$=3+(-6)+(+2)+(-5)$

$=3-6+2-5$

$=3+2-6-5$　正の項，負の項でまとめる

$=5-11=-6$　←$+5$と-11の和と考える

注 式のはじめの項の＋の符号は，省略している。

重要例題

例題 1　① $-2+5=\boxed{3}$　←(-2)と$(+5)$の和

② $-6-9=\boxed{-15}$　←(-6)と(-9)の和

③ $5-7+2-3=5+2-\boxed{7}-3=7-\boxed{10}=\boxed{-3}$

例題 2　$(-3)-(+2)-(-9)+(-7)$を項を書き並べた式になおしなさい。

〈解答〉　$(-3)-(+2)-(-9)+(-7)$

$=(-3)+(\boxed{-2})+(\boxed{+9})+(-7)=-3-\boxed{2}+\boxed{9-7}$

例題 3　$-7-(-5)+3+(-4)=-7+(\boxed{+5})+3+(-4)$

$=-7+\boxed{5}+3-\boxed{4}=5+\boxed{3}-7-\boxed{4}=\boxed{8}-\boxed{11}=\boxed{-3}$

用語・公式 check!

□$(-1)+(-1)$	-2
□$(+1)+(+1)$	$+2$
□$(+1)+(-2)$	-1
□$(-2)+(+1)$	-1
□$(+1)+(-1)$	0
□$(-1)+0$	-1
□$0+(+1)$	$+1$
□$(-1)-(-2)$	$+1$
□$(+1)-(+2)$	-1
□$(-1)-(+2)$	-3
□$(+1)-(-2)$	$+3$
□$(+1)-(+1)$	0
□$(-1)-(-1)$	0
□$0-(-1)$	$+1$
□$0-(+1)$	-1
□$5-6+7$の式の項をすべていいなさい。	$+5$, -6, $+7$
□$1-2$	-1
□$-1-2$	-3
□$-1+2$	1
□$0-3$	-3
□$-5+5$	0
□$-1+2-1$	0
□$(-4)+(-2)+(+5)$を項を書き並べた式になおしなさい。	$-4-2+5$
□$(+5)-(-1)+(-3)$を項を書き並べた式になおしなさい。	$5+1-3$

節末練習・問題　教 p.38

〔加法〕

1　次の計算をしなさい。

(1)　$(-3)+(+4)$　　（ $+1$ ）

(2)　$(+3)+(-15)$　　（ -12 ）

(3)　$(+8)+(-8)$　　（ 0 ）

(4)　$(-15)+(-8)$　　（ -23 ）

(5)　$(+5)+(-8)+(-6)+(+7)$

$=(+5)+(+7)+(-8)+(-6)=(+12)+(-14)$　　（ -2 ）

(6)　$(-6)+(-8)+(-7)+(+6)$

$=(+6)+(-6)+(-8)+(-7)=(-8)+(-7)$　　（ -15 ）

〔減法〕

2　次の計算をしなさい。

(1)　$(-8)-(-3)$

$=(-8)+(+3)$　　（ -5 ）

(2)　$(+7)-(-8)$

$=(+7)+(+8)$　　（ $+15$ ）

(3)　$(+3)-(+5)$

$=(+3)+(-5)$　　（ -2 ）

(4)　$(-2)-(-2)$

$=(-2)+(+2)$　　（ 0 ）

(5)　$(-6)-(-10)$

$=(-6)+(+10)$　　（ $+4$ ）

(6)　$(-12)-(+8)$

$=(-12)+(-8)$　　（ -20 ）

〔加法と減法の混じった計算〕

でる **3**　次の計算をしなさい。

(1)　$-2+8-6$　　（ 0 ）

(2)　$-1-(-2)-4$

$=-1+2-4$　　（ -3 ）

(3)　$6+(-3)-(-4)$

$=6-3+4$　　（ 7 ）

(4)　$2-8+7-3$　　（ -2 ）

3 節　乗法と除法

要点　❶ 乗法　教 p.40～p.45

正負の数の乗法《じょうほう》

1　**同符号**の数では，絶対値の積に**正の符号**をつける。　$(+1)\times(+1)=+1$　$(-1)\times(-1)=+1$

2　**異符号**の数では，絶対値の積に**負の符号**をつける。　$(-1)\times(+1)=-1$　$(+1)\times(-1)=-1$

注　かけ算のことを**乗法**ともいう。乗法の結果が積である。

絶対暗記！　・$(+)\times(+)\to(+)$　・$(-)\times(-)\to(+)$

・$(+)\times(-)\to(-)$　・$(-)\times(+)\to(-)$

★ $a\times1=a$，$1\times a=a$

$a\times0=0$，$0\times a=0$，$0\times0=0$

重要例題

例題 1　同符号の数の乗法

① $(+3)\times(+5)=\boxed{+}(\boxed{3}\times\boxed{5})=\boxed{15}$

② $(-2)\times(-4)=\boxed{+}(\boxed{2}\times\boxed{4})=\boxed{8}$

例題 2　異符号の数の乗法

① $(+4)\times(-6)=\boxed{-}(\boxed{4}\times\boxed{6})=\boxed{-24}$

② $(-7)\times(+2)=\boxed{-}(\boxed{7}\times\boxed{2})=\boxed{-14}$

例題 3　① $(-0.3)\times(-0.2)=\boxed{0.06}$

② $\left(+\frac{4}{3}\right)\times\left(-\frac{1}{2}\right)=\boxed{-\frac{2}{3}}$　③ $\left(-\frac{5}{6}\right)\times\left(-\frac{2}{15}\right)=\boxed{\frac{1}{9}}$

例題 4　$(-1)\times5=(-1)\times(+\boxed{5})=-\boxed{5}$

例題 5　① $-(-4)=(-1)\times(-\boxed{4})=\boxed{4}$

② $-(-2)=\boxed{2}$

要点

乗法の交換法則

$a\times b=b\times a$

乗法の結合法則

$(a\times b)\times c=a\times(b\times c)$

積の符号
- 負の数が**奇数**《きすう》個 ⟶ −
  $(-1)\times(-1)\times(-1)=-1$
- 負の数が**偶数**《ぐうすう》個 ⟶ ＋
  $(-1)\times(-1)=+1$

累乗《るいじょう》**と指数**《しすう》
- **累乗**……同じ数をいくつかかけたもの。
  $5\times5=5^2$……5の2乗《にじょう》という。
- **指数**……5^2 ⟶ 指数

注 ・2乗を**平方**《へいほう》，3乗を**立方**《りっぽう》ともいう。例 2^2，2^3

・$-3^2=(-3)^2$ではない。

$-3^2=-(3\times3)=-9$，$(-3)^2=(-3)\times(-3)=9$

重要例題

例題1 ①　$(-2)\times(-3)\times(-2)=$ [−] $(2\times3\times2)=$ [−12]

②　$(-5)\times(+2)\times(-4)=$ [＋] $(5\times2\times4)=$ [40]

③　$(-1)\times(+1)\times(-2)\times(-1)=$ [−2]

④　$(+1)\times(-1)\times(+2)\times(-2)\times(-1)\times(-1)=$ [4]

例題2 次の積を，累乗の指数を使って表しなさい。

(1)　$9\times9\times9\times9$　　(2)　$(-5)\times(-5)$　　(3)　$0.4\times0.4\times0.4$

〈解答〉 (1)　9^4　　(2)　$(-5)^2$　　(3)　0.4^3

例題3 ①　$3^3=$ [27]　　②　$-2^2=$ [$-(2\times2)$] $=$ [−4]

③　$(-2)^2=$ [$(-2)\times(-2)$] $=$ [4]

④　$2\times5^2=2\times$ [25] $=$ [50]

要点 ❷除法 教 p.46~p.49

正負の数の除法《じょほう》

1 **同符号**の数では，絶対値の商に**正の符号**をつける。

$(+6)\div(+2)=+3$

$(-6)\div(-2)=+3$

2 **異符号**の数では，絶対値の商に**負の符号**をつける。

$(+6)\div(-2)=-3$

$(-6)\div(+2)=-3$

除法と逆数《ぎゃくすう》

正負の数でわることは，その逆数をかけることと同じ。

例 $10\div2=10\times\frac{1}{2}$, $\left(-\frac{3}{4}\right)\div\frac{3}{5}=\left(-\frac{3}{4}\right)\times\frac{5}{3}$

注 わり算のことを**除法**ともいう。除法の結果が商である。

絶対暗記!

・$(+)\div(+)\to(+)$　・$(-)\div(-)\to(+)$

・$(+)\div(-)\to(-)$　・$(-)\div(+)\to(-)$

★・$0\div a=0$，0でわる除法は考えない。

・2つの数の積が1のとき，一方の数を他方の数の**逆数**という。0の逆数はない。

重要例題

例題1 ① $(-9)\div(+3)=$ [$-$] $(9\div3)=$ [-3]

② $(-12)\div(-2)=$ [$+$] $(12\div2)=$ [6]

③ $16\div(-4)=$ [$-$] $(16\div4)=$ [-4]

④ $(-21)\div3=$ [$-$] $(21\div3)=$ [-7]

例題2 $-\frac{2}{3}$の逆数は [$-\frac{3}{2}$]，$\frac{4}{3}$の逆数は [$\frac{3}{4}$]

例題3 ① $\left(-\frac{6}{5}\right)\div\left(-\frac{3}{2}\right)=\left(-\frac{6}{5}\right)\times\left(\boxed{-\frac{2}{3}}\right)=\boxed{\frac{4}{5}}$

② $\left(-\frac{9}{10}\right)\div6=\left(-\frac{9}{10}\right)\times\boxed{\frac{1}{6}}=\boxed{-\frac{3}{20}}$

要点

乗法と除法の混じった計算

乗法だけの式になおして計算する。

例 $\left(-\frac{8}{9}\right)\div 4\div\left(-\frac{14}{15}\right)$

$=\left(-\frac{8}{9}\right)\times\frac{1}{4}\times\left(-\frac{15}{14}\right)$ 　除法を乗法になおす

$=+\left(\frac{\overset{1}{\cancel{\overset{2}{\cancel{8}}}}}{\underset{3}{\cancel{9}}}\times\frac{1}{\underset{1}{\cancel{4}}}\times\frac{\overset{5}{\cancel{15}}}{\underset{7}{\cancel{14}}}\right)=\frac{5}{21}$

重要例題

例題 1 $\frac{5}{7}\div\left(-\frac{2}{3}\right)\times\frac{1}{15}=\frac{5}{7}\times\left(\boxed{-\frac{3}{2}}\right)\times\frac{1}{15}$

$=\boxed{-}\left(\frac{5}{7}\times\boxed{\frac{3}{2}}\times\frac{1}{15}\right)=\boxed{-\frac{1}{14}}$

例題 2 $9\div(-7)\times\left(-\frac{14}{3}\right)=9\times\left(\boxed{-\frac{1}{7}}\right)\times\left(-\frac{14}{3}\right)$

$=\boxed{+}\left(9\times\boxed{\frac{1}{7}}\times\frac{14}{3}\right)=\boxed{6}$

例題 3 $\left(-\frac{7}{8}\right)\div\frac{3}{10}\div\left(-\frac{7}{5}\right)=\left(-\frac{7}{8}\right)\times\boxed{\frac{10}{3}}\times\left(\boxed{-\frac{5}{7}}\right)$

$=+\left(\frac{7}{8}\times\frac{10}{3}\times\boxed{\frac{5}{7}}\right)=\boxed{\frac{25}{12}}$

例題 4 $8\times(-5)\div 10=8\times(-5)\times\boxed{\frac{1}{10}}$

$=\boxed{-}\left(8\times 5\times\boxed{\frac{1}{10}}\right)=\boxed{-4}$

例題 5 $(-2)^2\div\frac{1}{3}\times 5=\boxed{4}\times\boxed{3}\times 5=\boxed{60}$

例題 6 $(-3^2)\times(-6)\div(-2)=(\boxed{-9})\times(-6)\times\left(\boxed{-\frac{1}{2}}\right)$

$=\boxed{-}\left(\boxed{9}\times 6\times\boxed{\frac{1}{2}}\right)=\boxed{-27}$

要点 ❸ 四則の混じった計算 教 p.50〜p.51

四則《しそく》の混じった計算の順序

順序
かっこの中，累乗
⬇
乗法，除法
⬇
加法，減法

例

$12-3\times(3^2+4)$

$=12-3\times(9+4)$

$=12-3\times13$

$=12-39$

$=-27$

注 加法，減法，乗法，除法をまとめて**四則**という。

★ **分配《ぶんぱい》法則**　$(a+b)\times c=a\times c+b\times c$

$c\times(a+b)=c\times a+c\times b$

重要例題

例題1 $4+2\times(-5)=4+(\boxed{-10})=\boxed{-6}$

例題2 $3-27\div(-3)^2=3-27\div\boxed{9}=3-\boxed{3}=\boxed{0}$

例題3 $60\div(-6+2\times4)=60\div(-6+\boxed{8})$

$=60\div\boxed{2}=\boxed{30}$

例題4 $7+3\times(-2)=\boxed{1}$　$\leftarrow 7+(-6)$

例題5 $8\div(-7+5)^2=\boxed{2}$　$\leftarrow 8\div(-2)^2=8\div4$

例題6 $2\times(-5)-(-6)\div3=\boxed{-8}$　$\leftarrow -10-(-2)$

例題7 分配法則を利用して$(-7)\times46+(-7)\times4$を計算すると，

$(-7)\times46+(-7)\times4=(-7)\times(\boxed{46+4})$

$=(-7)\times\boxed{50}=\boxed{-350}$

例題8 分配法則を利用して$\left(\frac{1}{3}-\frac{1}{2}\right)\times6$を計算すると，

$\left(\frac{1}{3}-\frac{1}{2}\right)\times6=\boxed{\frac{1}{3}\times6}-\frac{1}{2}\times6=\boxed{2}-\boxed{3}=\boxed{-1}$

要点

❹ 数の範囲と四則 教 p.52～p.53

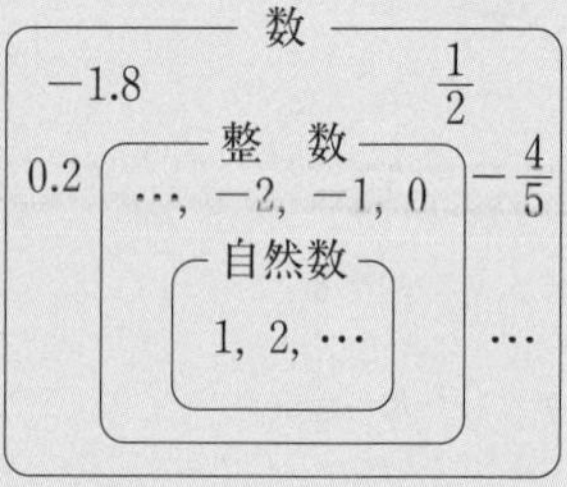

自然数の集合……自然数全体の集まり。

数の範囲と四則……自然数どうしの加法・乗法の結果はいつでも自然数になるが，減法は0や負の整数，除法は小数や分数になることがある。

整数どうしの加法・減法・乗法の結果はいつでも整数になるが，除法は小数や分数になることがある。

重要例題

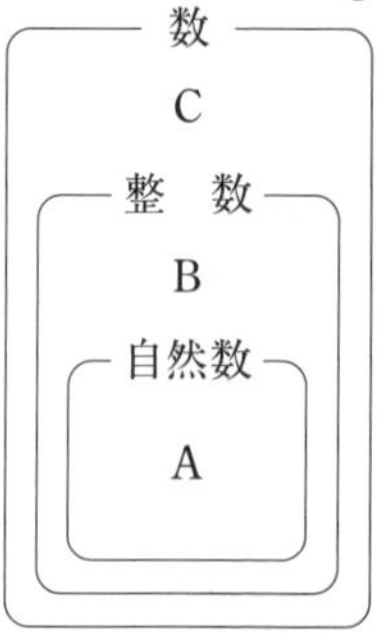

例題 1 次の①～⑥の計算の結果は，図のA, B, Cのどこに入るか答えなさい。

① 5−8　　② (−2)÷3

③ 8×6　　④ 4+(−5)

⑤ (−7)−6　　⑥ 12÷7

〈解答〉

①B　②C　③A　④B　⑤B　⑥C

例題 2 ㋐□＋△，㋑□−△，㋒□×△，㋓□÷△の4つの計算について，次の(1)～(3)にあてはまるものをすべて選びなさい。

(1) □，△に自然数が入るとき，計算が自然数の範囲でいつでもできる。　(㋐，㋒)

(2) □に整数，△に0以外の整数が入るとき，計算が整数の範囲でいつでもできる。　(㋐，㋑，㋒)

(3) □に整数，分数，小数，△に0以外の整数，分数，小数が入るとき，計算が数全体の範囲でいつでもできる。　(㋐，㋑，㋒，㋓)

用語・公式 check!

□$(-1)\times(-1)$	1
□$(+1)\times(-1)$	-1
□$(-1)\times(+1)$	-1
□$-(-1)$	1
□5^2や2^3のように，同じ数をいくつかかけたものを，その数の何というか。	累乗
□5^2の2のように右かたに小さく書いた数を何というか。	指数
□$10\times10\times10\times10$を累乗の指数を使って表しなさい。	10^4
□$(-6)\times(-6)$を累乗の指数を使って表しなさい。	$(-6)^2$
□$0.7\times0.7\times0.7$を累乗の指数を使って表しなさい。	0.7^3
□$(-0.2)\times(-0.2)\times(-0.2)$を累乗の指数を使って表しなさい。	$(-0.2)^3$
□$\frac{2}{5}\times\frac{2}{5}\times\frac{2}{5}\times\frac{2}{5}$を累乗の指数を使って表しなさい。	$\left(\frac{2}{5}\right)^4$
□$(-1)^3$	-1
□$(-1)^4$	1
□$(+6)\div(+3)$	2
□$(-6)\div(-3)$	2
□$(+6)\div(-3)$	-2
□$(-6)\div(+3)$	-2
□-2の逆数は何か。	$-\frac{1}{2}$
□0.5の逆数は何か。	2
□$10\div(-2)=10\times\square$	$\left(-\frac{1}{2}\right)$
□$\frac{2}{-5}=2\div(-5)=-(2\div5)=\square$	$-\frac{2}{5}$

節末練習・問題

教 p.54

〔乗法〕

1 次の計算をしなさい。

(1) $(-6)\times 5$

(-30)

(2) $9\times(-8)$

(-72)

(3) $(-2)\times(-5)$

(10)

(4) $\left(-\dfrac{5}{6}\right)\times\dfrac{3}{10}$

($-\dfrac{1}{4}$)

(5) $(-2)\times 4\times(-3)$

$=+(2\times 4\times 3)$　(24)

(6) $(-5)\times(-2)\times(-6)$

$=-(5\times 2\times 6)$　(-60)

〔累乗〕

2 次の計算をしなさい。

(1) $(-5)^2$

$=(-5)\times(-5)$　(25)

(2) -5^2

$=-(5\times 5)$　(-25)

(3) $4\times(-3^2)$

$=4\times(-9)$　(-36)

(4) $(-3)^2\times 5$

$=9\times 5$　(45)

〔除法〕

3 次の計算をしなさい。

(1) $(-8)\div 2$

(-4)

(2) $27\div(-3)$

(-9)

(3) $(-36)\div(-4)$

(9)

(4) $0\div(-6)$

(0)

(5) $\dfrac{4}{9}\div\left(-\dfrac{2}{3}\right)$

$=-\left(\dfrac{4}{9}\times\dfrac{3}{2}\right)$　($-\dfrac{2}{3}$)

(6) $\left(-\dfrac{4}{7}\right)\div\left(-\dfrac{2}{7}\right)$

$=+\left(\dfrac{4}{7}\times\dfrac{7}{2}\right)$　(2)

〔乗法と除法の混じった計算〕

4 次の計算をしなさい。

(1) $(-4)\times9\div(-6)$

$=+\left(4\times9\times\frac{1}{6}\right)$ (6)

(2) $(-2)\times(-7)\div(-14)$

$=-\left(2\times7\times\frac{1}{14}\right)$ (-1)

(3) $18\div(-3)\div(-2)$

$=+\left(18\times\frac{1}{3}\times\frac{1}{2}\right)$ (3)

(4) $(-9)\div(-2)\times(-6)$

$=-\left(9\times\frac{1}{2}\times6\right)$ (-27)

(5) $(-2)\times3\div(-12)$

$=+\left(2\times3\times\frac{1}{12}\right)$ ($\frac{1}{2}$)

(6) $9\div\left(-\frac{3}{5}\right)\times2$

$=-\left(9\times\frac{5}{3}\times2\right)$ (-30)

(7) $\left(-\frac{5}{4}\right)\div\left(-\frac{1}{2}\right)\div10$

$=+\left(\frac{5}{4}\times2\times\frac{1}{10}\right)$ ($\frac{1}{4}$)

(8) $\frac{3}{8}\times\left(-\frac{4}{9}\right)\div\frac{5}{6}$

$=-\left(\frac{3}{8}\times\frac{4}{9}\times\frac{6}{5}\right)$ ($-\frac{1}{5}$)

〔四則の混じった計算〕

でる **5** 次の計算をしなさい。

(1) $6-2\times(-3)$

$=6-(-6)$ (12)

(2) $(-4)\times(-2+3)$

$=(-4)\times1$ (-4)

(3) $-7-6\div3$

$=-7-2$ (-9)

(4) $36\div(-5-7)$

$=36\div(-12)$ (-3)

(5) $10\div(-5)-(-3)\times(-2)$

$=-2-6$ (-8)

(6) $15-(-6)\times(-7+2)$

$=15-(-6)\times(-5)=15-30$ (-15)

(7) $-9-(-6-3^2)\div(-5)$

$=-9-(-6-9)\div(-5)=-9-(-15)\div(-5)=-9-3$ (-12)

(8) $-16\div(-2)^2-(-2^3)$

$=-16\div4-(-8)=-4+8$ (4)

4 節 正負の数の利用

要点 正負の数の利用 教 p.55〜p.57

平均の求め方

平均を求めるとき，基準となる数を決めて，それぞれの数と基準との差を考えると，

(平均)＝(基準となる数)

＋(基準との差の合計)÷(個数)

基準との差の平均

重要例題

例題１ 下の表は，A，B，C，D，Eの５人の数学のテストの結果である。Cの得点を基準としたとき，５人の得点はどのように表されるか，＋，－を使ってまとめなさい。

	A	B	C	D	E
得点(点)	85	78	80	90	68
基準との差(点)	**+5**	**−2**	**0**	**+10**	**−12**

例題２ Sさんはゲームを５回行った。その得点を50点を基準として，それより多いときを正の数，少ないときを負の数で表すと次のようになった。５回の得点の平均を求めなさい。

＋10，－8，＋7，＋2，－6

〈解答〉 基準との差の平均を求めると，

$(10-8+\boxed{7}+2-\boxed{6})\div5=\boxed{5}\div5=\boxed{1}$(点) ←(基準との差の合計)÷(回数)

よって，５回の得点の平均は，

$50+\boxed{1}=\boxed{51}$(点) ←(基準の数)＋(差の平均)

注 Sさんの５回の得点から平均を求めると，

$(60+42+57+52+44)\div5=\boxed{51}$(点)

基準との差を使った求め方のほうが簡単である。

これが出る! 定期テスト対策

でる! **1** 次の問に答えなさい。

(1) 450を素因数分解し，累乗の指数を使って表しなさい。

($2\times3^2\times5^2$)

(2) 450にできるだけ小さい自然数をかけて，その結果をある自然数の2乗にしたい。どんな数をかければよいか。また，その結果はどんな数の2乗になるか。$(2\times3^2\times5^2)\times2=(2\times3\times5)^2=30^2$

(450に2をかけると30の2乗になる。)

2 次の各組の数の大小を，不等号を使って表しなさい。

① -0.01，-1，-0.1

($-1<-0.1<-0.01$)

② $-\dfrac{1}{2}$，$+\dfrac{1}{3}$，$-\dfrac{1}{4}$

($-\dfrac{1}{2}<-\dfrac{1}{4}<+\dfrac{1}{3}$)

3 絶対値が4より小さい整数を全部答えなさい。

(-3，-2，-1，0，1，2，3)

4 次の計算をしなさい。

(1) $(-12)+(+15)$

(3)

(2) $(+15)-(+23)$

(-8)

(3) $(-24)-(-18)$

(-6)

(4) $(-12)+(-8)$

(-20)

(5) $(+2.4)+(-7.2)$

(-4.8)

(6) $(-1.8)-(+2.4)$

(-4.2)

(7) $\left(+\dfrac{1}{6}\right)+\left(-\dfrac{5}{6}\right)$

($-\dfrac{2}{3}$)

(8) $\left(+\dfrac{3}{8}\right)-\left(-\dfrac{1}{8}\right)$

($\dfrac{1}{2}$)

でる 5 次の計算をしなさい。

(1) $(+12)-24-(-50)$

$=12-24+50=62-24$ (38)

(2) $-8+6+7-2$

$=13-10$ (3)

(3) $-7.2-(+0.6)-1.2$

$=-7.2-0.6-1.2$ (-9)

(4) $0-3.2-5+6$

$=6-8.2$ (-2.2)

6 次の計算をしなさい。

(1) $(+9)\times(-12)$

(-108)

(2) $(-11)\times(-11)$

(121)

(3) $(-48)\div(-6)$

(8)

(4) $(-60)\div(+12)$

(-5)

(5) -2^3

(-8)

(6) $2\times(-1)^3$

(-2)

(7) $(+2.4)\times(-2)$

(-4.8)

(8) $-(-12)\div(-4)$

(-3)

(9) $\left(-\frac{2}{5}\right)^2$

($\frac{4}{25}$)

(10) $\left(-\frac{3}{4}\right)\times(-16)$

(12)

(11) $\frac{7}{15}\div\left(-\frac{7}{5}\right)$

($-\frac{1}{3}$)

(12) $2.5\times(-1.4)\times4$

$=(2.5\times4)\times(-1.4)$ (-14)

(13) $(-6)\div(+2)\times(-7)$

$=+\left(6\times\frac{1}{2}\times7\right)$ (21)

(14) $\frac{6}{7}\times\left(-\frac{2}{3}\right)\div\frac{4}{5}$

$=-\left(\frac{6}{7}\times\frac{2}{3}\times\frac{5}{4}\right)$ ($-\frac{5}{7}$)

でる 7 次の計算をしなさい。

(1) $10+8\times(-2)$

$=10+(-16)$ (-6)

(2) $12-27\div(-3)^2$

$=12-27\div9=12-3$ (9)

(3)　$-7-12\div(-3)$

$=-7-(-4)$　　(-3)

(4)　$(-5)\times(-4)-(-3)\times2$

$=20-(-6)$　　(26)

(5)　$24-(-3^2)\times(-2)$

$=24-(-9)\times(-2)$　　(6)

(6)　$5+(6-2^3)\times3$

$=5+(6-8)\times3$　　(-1)

(7)　$(-9)\times48+(-9)\times2$

$=(-9)\times(48+2)$　　(-450)

(8)　$\left(\frac{3}{8}-\frac{5}{6}\right)\times24$

$=\frac{3}{8}\times24-\frac{5}{6}\times24$　　(-11)

(9)　$-18\div\{-2\times(12-9)\}$

$=-18\div(-2\times3)$　　(3)

(10)　$9-(-5)\times(-2)^2-(-8)$

$=9-(-20)-(-8)$　　(37)

8　運動会の玉入れの練習を5回行った。かごに入った玉の個数を60個を基準として，それより多いときを正の数，少ないときを負の数で表すと次のようになった。5回の個数の平均を求めなさい。

$+5,\quad 0,\quad -2,\quad +4,\quad +8$

$60+(5+0-2+4+8)\div5=60+15\div5$　　(63個)

この考え方も 身につけよう

乗法と除法の混じった計算は，乗法だけの式になおして，約分を利用して計算しよう。

$108\times12\div360\times15$ では，

- 左側から順に計算していくと，

$108\times12\div360\times15=1296\div360\times15=3.6\times15=\boxed{54}$

- 乗法だけの式になおして，約分を利用すると，

$$108\times12\div360\times15=\frac{\overset{54}{\cancel{108}}\times\overset{1}{\cancel{12}}\times\overset{1}{\cancel{15}}}{\underset{\underset{\underset{1}{\cancel{2}}}{\cancel{30}}}{\cancel{360}}}=\boxed{54}$$

約分を利用すると，計算が簡単になる。

2章 数学のことばを身につけよう ―文字と式

1節 文字を使った式

要点 ❶ 文字の使用 教 p.64~p.65

数の代わりに文字で表す

① 自然数の代わりとして使用

80円の鉛筆をx本買ったときの代金

➡ $(80\times x)$円

② 小数をふくめた数の代わりとして使用

1辺が$a$cmの正三角形の周の長さ

➡ $(a\times 3)$ cm

③ 負の数をふくめた数の代わりとして使用

午前6時の気温がt℃で，午前10時には5℃高くなったときの気温 ➡ $(t+5)$℃

重要例題

例題1 1個150円のりんごをx個買ったときの代金を文字を使った式で表すと，($150\times x$)円になる。

この例では，xは自然数の代わりとして使われている。

例題2 a個で500円のりんご1個分の値段を文字を使った式で表すと，(500 ÷ a)円になる。

この例では，aは自然数の代わりとして使われている。

例題3 縦が4 cm，横が$b$cmの長方形の面積を文字を使った式で表すと，$(4\times$ b $)$ cm^2になる。

また，このときの周の長さを文字を使った式で表すと， 2 $\times(4+$ b $)$ cmになる。

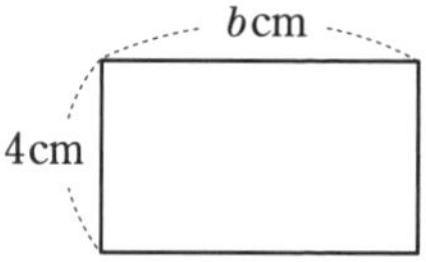

この例では，bは小数もふくめた数の代わりに使われている。

要点 ❷ 文字を使った式の表し方 教 p.66〜p.70

積の表し方

1 文字の混じった乗法では，**記号×をはぶく。**

$a\times b=ab$　　$x\times y\times z=xyz$

2 文字と数の積では，**数を文字の前**に書く。

$a\times 2=2a$　　$x\times(-3)=-3x$

累乗《るいじょう》の表し方

$2\times 2\times 2=2^3$　　$x\times x\times x=x^3$

注 ① 文字はアルファベット順に並べる。$b\times a=ab$

② $1\times a=1a$とはせず，$1\times a=a$とする。

③ $(-1)\times a=-1a$とはせず，$(-1)\times a=-a$とする。

重要例題

例題1 1個a円の品物を3個買うのに，1000円札を出した。このときの代金とおつりを，文字を使った式で表しなさい。

〈解答〉

代金は$(a\times 3)$円であり，×をはぶいて書くと **$3a$** 円となる。

おつりは(**$1000-3a$**)円である。

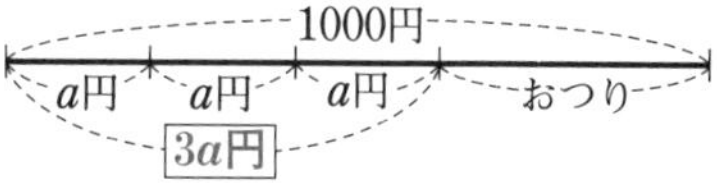

例題2 次の式を，文字式の表し方にしたがって表しなさい。

① $-5\times x=$ **$-5x$**　　② $z\times x\times y=$ **xyz**

③ $c\times 8\times a=$ **$8ac$**　　④ $(x+3)\times 6=$ **$6(x+3)$**

⑤ $z\times 1=$ **z**　　⑥ $y\times(-1)=$ **$-y$**　　⑦ $b\times b=$ **b^2**

⑧ $y\times 0.1=$ **$0.1y$**　　⑨ $a\times a\times(-1)\times c\times c=$ **$-a^2c^2$**

例題3 次の式を，文字式の表し方にしたがって表しなさい。

① $a+(-5)\times b=$ **$a-5b$**

② $x\times(-0.1)-y\times(-8)=$ **$-0.1x+8y$**

要点

商の表し方

文字の混じった除法では，**記号÷を使わずに，分数の形で書く。**

$x \div 3 = \dfrac{x}{3}$

$a \div b = \dfrac{a}{b}$

★$a \div 3 = \dfrac{a}{3}$　または，$a \div 3 = a \times \dfrac{1}{3} = \dfrac{1}{3}a$

$\dfrac{a}{3}$ は $\dfrac{1}{3}a$ と書いてもよい。

重要例題

例題1 次の式を，文字式の表し方にしたがって表しなさい。

① $x \div y = \boxed{\dfrac{x}{y}}$　② $-5x \div 7 = \boxed{-\dfrac{5x}{7} \left(-\dfrac{5}{7}x\right)}$ ←－は前につける

③ $(a+b) \div 3 = \boxed{\dfrac{a+b}{3}}$ ←分子のかっこははぶく

④ $x \div (-8) = \boxed{-\dfrac{x}{8} \left(-\dfrac{1}{8}x\right)}$

⑤ $a \div 7 \times b \times 3 = \boxed{\dfrac{3ab}{7} \left(\dfrac{3}{7}ab\right)}$

⑥ $5 \times a + 2 \times b \div 3 = \boxed{5a + \dfrac{2b}{3} \left(5a + \dfrac{2}{3}b\right)}$

例題2 次の式を，×や÷の記号を使って表しなさい。

① $10xy = \boxed{10 \times x \times y}$　② $x^2y = \boxed{x \times x \times y}$

③ $\dfrac{5a}{4} = \boxed{5 \times a \div 4}$　④ $-ab = \boxed{-1 \times a \times b}$

⑤ $x - \dfrac{y}{5} = \boxed{x - y \div 5}$　⑥ $\dfrac{x-y}{5} = \boxed{(x-y) \div 5}$

※⑤と⑥のちがいに注意する。

例題3 xmのテープを5人で等しく分けるとき，1人分のテープの長さは $\boxed{\dfrac{x}{5}\text{m} \left(\dfrac{1}{5}x\text{m}\right)}$ である。

要点　いろいろな数量の表し方

文字を使って，いろいろな数量を表すことがある。

π《パイ》……円周率(3.1415…)をπと表す。

例　半径$r$cmの円の周の長さをℓcmとすると，

(円周)＝(直径)×(円周率)

$\ell=2r\times\pi=2\pi r$

注 πの位置に注意する。　$\ell=2\pi r$（数字のあと　文字の前）

重要例題

例題1　①　$x$kg＝$\boxed{1000x}$g　←1kg＝1000g　②　yg＝$\boxed{\dfrac{y}{1000}}$kg

③　a時間＝$\boxed{60a}$分　←1時間＝60分　④　b分＝$\boxed{\dfrac{b}{60}}$時間

例題2　①　a円の5％…$a\times\boxed{\dfrac{5}{100}}=\boxed{\dfrac{a}{20}}$(円)　←1％＝$\frac{1}{100}$

②　b人の2割…$b\times\boxed{\dfrac{2}{10}}=\boxed{\dfrac{b}{5}}$(人)　←1割＝$\frac{1}{10}$

例題3　$x$kmの道のりを5時間かけて進んだときの速さは，

時速$\boxed{\dfrac{x}{5}}$kmと表される。

例題4　半径4cmの円の周の長さと面積を，πを使って表しなさい。

〈解答〉　周の長さ…$\boxed{2\pi}\times4=\boxed{8\pi}$(cm)

面　　積…$\boxed{\pi}\times4^2=\boxed{16\pi}$($cm^2$)

例題5　1辺の長さが$a$cm，高さが$h$cmの正三角形がある。次の式は，この正三角形の何を求める式か。また，その単位も答えなさい。

(1)　$3a$　　　(2)　$\frac{1}{2}ah$

〈解答〉　(1)　まわりの長さ　　単位　**cm**　(2)　面積　　単位　**cm^2**

要点 ❸ 代入と式の値 教 p.71～p.72

代入《だいにゅう》……式のなかの文字を数におきかえること。

式の値《あたい》……代入して計算した結果。

例　$x=5$ のとき　$3x+1$ の値

$3x+1=3\times5+1=15+1=16$

（x に 5 を代入）

注 負の数を代入するときは(　)をつける。

$x=-2$ のとき　$3x$ の値→$3\times(-2)=-6$

重要例題

例題 1 $x=-2$ のとき，$3x-5$ の値を求めなさい。

〈解答〉 $3x-5=3\times\boxed{(-2)}-5=\boxed{-6}-5$ ←-2を代入するときは(　)をつける

$=\boxed{-11}$

例題 2 $x=\dfrac{1}{3}$ のとき，$1-6x$，$\dfrac{x}{9}$ の値を求めなさい。

〈解答〉 $1-6x=1-6\times\boxed{\dfrac{1}{3}}=1-\boxed{2}=\boxed{-1}$

$\dfrac{x}{9}=\dfrac{1}{9}x=\boxed{\dfrac{1}{9}}\times\dfrac{1}{3}=\boxed{\dfrac{1}{27}}$

例題 3 $a=-3$ のとき，a^2 の値を求めなさい。

〈解答〉 $a^2=(\boxed{-3})^2=\boxed{9}$

例題 4 $a=-4$ のとき，$-a^2$ の値を求めなさい。

〈解答〉 $-a^2=-\boxed{(-4)^2}=\boxed{-16}$

例題 5 $x=-5$，$y=-3$ のとき，x^2-2y の値を求めなさい。

〈解答〉 $x^2-2y=(\boxed{-5})^2-2\times\boxed{(-3)}$

$=\boxed{25}+\boxed{6}=\boxed{31}$

例題 6 空気中の音の速さは，気温が t℃のとき，秒速$(331.5+0.6t)$m となる。気温が-5℃のときの音の速さを求めなさい。

〈解答〉 $331.5+0.6\times\boxed{(-5)}=331.5-\boxed{3}=\boxed{328.5}$　答　秒速328.5m

用語・公式 check!

□$a\times b\times c$	abc
□$(x-5)\times 3$	$3x-15$
□$(-1)\times a$	$-a$
□$0.1\times a$	$0.1a$
□$3\times a\times a$	$3a^2$
□$x\times x\times y\times y\times y$	x^2y^3
□$a\div 4$	$\frac{a}{4}$$\left(\text{または}\frac{1}{4}a\right)$
□$(a+b)\div 10$	$\frac{a+b}{10}$
□1本x円の鉛筆10本と80円の消しゴムを1個買ったときの代金の合計	$(10x+80)$円
□長さ12mのテープから，amのテープを3本切り取ったときの残りの長さ	$(12-3a)$m
□3mの重さがxgである針金の，1mあたりの重さ	$\frac{x}{3}$g$\left(\text{または}\frac{1}{3}x\text{g}\right)$
□$a=2$のとき，$-3a+2$の値	-4
□$a=-4$のとき，a^2の値	16
□$a=-2$のとき，$\frac{8}{a}$の値	-4
□$a=\frac{1}{4}$のとき，$\frac{a}{2}$の値	$\frac{1}{8}$
□$x=2$，$y=-1$のとき，$3x-2y$の値	8
□a秒$=$□分	$\frac{a}{60}$$\left(\text{または}\frac{1}{60}a\right)$
□41kgのx%	$\frac{41}{100}x$kg
□半径$r$cmの円の面積	πr^2cm^2
□半径$r$cmの円の円周	$2\pi r$cm

節末練習・問題　教 p.72

〔文字式の表し方のきまり〕

1　次の式を，文字式の表し方にしたがって表しなさい。

(1)　$0.5\times x$　（ $0.5x$ ）
(2)　$a\times 3\times b$　（ $3ab$ ）
(3)　$b\times(-2)$　（ $-2b$ ）
(4)　$x\times 5-6$　（ $5x-6$ ）
(5)　$a\times a\times a\times a$　（ a^4 ）
(6)　$a\times(-1)-b$　（ $-a-b$ ）
(7)　$a\div 5$　（ $\frac{a}{5}$ $\left(\frac{1}{5}a\right)$ ）
(8)　$5x\div 3$　（ $\frac{5x}{3}$ $\left(\frac{5}{3}x\right)$ ）
(9)　$(a-b)\div 7$　（ $\frac{a-b}{7}$ ）
(10)　$(x+5)\times 2$　（ $2(x+5)$ ）
(11)　$-1\times x\times y\times x$　（ $-x^2y$ ）
(12)　$x-2\times y$　（ $x-2y$ ）

2　次の式を，×や÷の記号を使って表しなさい。

(1)　$3(x+y)$　（ $3\times(x+y)$ ）
(2)　$\frac{x}{y}$　（ $x\div y$ ）
(3)　$\frac{x^2}{2}$　（ $x\times x\div 2$ ）

〔数量を表す式〕

でる **3**　次の数量を，文字を使った式で表しなさい。

(1)　84円切手x枚と120円切手y枚を買ったときの代金の合計　（ $84x+120y$ ）円

(2)　xの3倍からyをひいた差　（ $3x-y$ ）

〔式の値〕

4　$a=-4$，$b=2$のとき，次の式の値を求めなさい。

(1)　$2a-6$　$2\times(-4)-6=-8-6=-14$　（ -14 ）

(2)　$-3a-2b$　$-3\times(-4)-2\times 2=12-4=8$　（ 8 ）

2 節　文字式の計算

要点

❶ 1次式の計算　教 p.74～p.79

項《こう》と係数《けいすう》……$5x+7$という式で，加法の記号＋で結ばれた$5x$，7のそれぞれを**項**という。また，$5x$という項で，数の部分5をxの**係数**という。

$5x+7$（5：係数，$5x$・7：項）

1次の項……$5x$のように，文字が1つだけの項を1次の項という。

1次式……1次の項だけか，1次の項と数の項の和で表すことができる式を1次式という。

1次式
$5x$，a，$-b$
$5x+7$，$a+2$　など

文字の部分が同じ項の計算

文字の部分が同じ項は，1つにまとめることができる。

例　$3x+2x=(3+2)x=5x$

注 発展 文字の部分が同じ項を**同類項《どうるいこう》**という。

重要！例題

例題1　$\frac{x}{2}-y-5$の項は，$\boxed{\frac{x}{2},\ -y,\ -5}$　←$\frac{x}{2}+(-y)+(-5)$と考える

xの係数は$\boxed{\frac{1}{2}}$，yの係数は$\boxed{-1}$である。

例題2　次の計算をしなさい。　(1)　$8x+6x$　(2)　$5a-9a$

〈解答〉　(1)　$8x+6x=\boxed{14x}$　(2)　$5a-9a=\boxed{-4a}$　←$(5-9)a=-4a$

例題3　次の計算をしなさい。

(1)　$4x-2-7x-5$　(2)　$x+6+3x-10$

〈解答〉　(1)　$4x-2-7x-5=\boxed{-3}x-\boxed{7}$　←$(4-7)x-2-5$

(2)　$x+6+3x-10=\boxed{4}x-\boxed{4}$　←$(1+3)x+6-10$

要点

1 次式の加法……文字の部分が同じ項どうし，数の項どうしを加えればよい。

例 $(3a+2)+(2a-3)=3a+2+2a-3$

$=3a+2a+2-3$

$=5a-1$

1 次式の減法……ひくほうの式の各項の符号を変えて加えればよい。

例 $(3a+2)-(2a-3)=(3a+2)+(-2a+3)$

$=3a+2-2a+3$

$=3a-2a+2+3$

$=a+5$

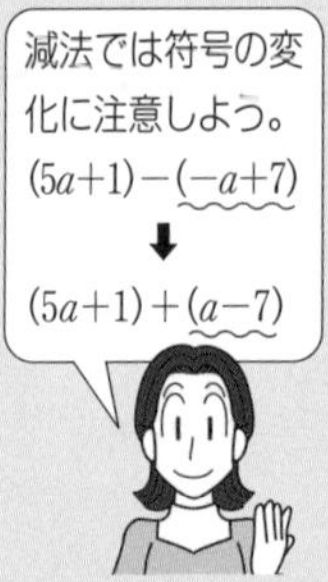

注 1 次式の加法と減法は，次のように計算することもできる。

（加法）

$$\begin{array}{rr} & 3a+2 \\ +) & 2a-3 \\ \hline & 5a-1 \end{array}$$

（減法）

$$\begin{array}{rr} & 3a+2 \\ -) & 2a-3 \\ \hline & \end{array} \Rightarrow \begin{array}{rr} & 3a+2 \\ +) & -2a+3 \\ \hline & a+5 \end{array}$$

重要例題

例題 1 ① $(7x-4)+(2x-5)=7x-4+\boxed{2x-5}$

$=7x+\boxed{2}x-4-\boxed{5}=\boxed{9x-9}$

② $(a+3)+(-5a-6)=a+3-\boxed{5}a-\boxed{6}$

$=a-\boxed{5}a+3-\boxed{6}=\boxed{-4a-3}$

③ $(6x-1)-(4x-7)=(6x-1)+(\boxed{-4x+7})$

$=6x-1-\boxed{4x+7}=\boxed{2x+6}$

④ $(3a+2)-(8+10a)=(3a+2)+(\boxed{-8-10a})$

$=3a+2-\boxed{8-10a}=\boxed{-7a-6}$

要点

項が１つの１次式と数の乗法……数の部分のかけ算を行う。 例 $2a\times5=2\times5\times a=10a$

項が１つの１次式と数の除法……乗法になおして計算する。 例 $12a\div4=12a\times\frac{1}{4}=3a$

項が２つ以上ある１次式と数の乗法……分配法則を使う。

例 $5(3x-2)$
$=5\times3x+5\times(-2)$
$=15x-10$

$5(3x-2)$
$=15x-10$

注 除法は，次のように計算してもよい。

$$12a\div4=\frac{\overset{3}{\cancel{12}}a}{\underset{1}{\cancel{4}}}=3a$$

重要例題

例題１ ① $8a\times7=\boxed{56a}$ ←$8\times7\times a$

② $6a\times(-2)=\boxed{-12a}$ ←$6\times(-2)\times a$

③ $(-x)\times(-10)=\boxed{10x}$ ←$(-1)\times(-10)\times x$

④ $\frac{2}{3}x\times(-6)=\boxed{-4x}$ ←$\frac{2}{3}\times(-6)\times x$

例題２ ① $14a\div7=14a\times\boxed{\frac{1}{7}}=\boxed{2a}$

② $9x\div6=9x\times\boxed{\frac{1}{6}}=\boxed{\frac{3}{2}x}$

③ $\left(-\frac{1}{4}x\right)\div\frac{5}{6}=\left(-\frac{1}{4}x\right)\times\boxed{\frac{6}{5}}=\boxed{-\frac{3}{10}x}$

例題３ ① $7(2a-4)=7\times\boxed{2a}+7\times\boxed{(-4)}=\boxed{14a-28}$

② $(5x+2)\times(-3)=5x\times\boxed{(-3)}+2\times(-3)=\boxed{-15x-6}$

③ $-(12a-7)=\boxed{-12a+7}$ ←$(-1)\times(12a-7)$

要点

項が 2 つ以上ある 1 次式と数の除法……乗法になおして計算する。

例 $(15a+9)\div 3=(15a+9)\times\frac{1}{3}$

$=15a\times\frac{1}{3}+9\times\frac{1}{3}=5a+3$

いろいろな計算……かっこをはずしたり，約分をして計算する。

注 かっこのはずし方

$-2(3x-4)=-6x+8$

負の数をかけると符号が変わる

重要例題

例題 1 $(14a-8)\div(-2)=(14a-8)\times\boxed{\left(-\frac{1}{2}\right)}=\boxed{-7a+4}$

例題 2 $\frac{3x+1}{4}\times 8=\frac{(3x+1)\times 8}{4}=\frac{(3x+1)\times\overset{2}{\cancel{8}}}{\underset{1}{\cancel{4}}}$

↗必ず(　)をつける

$=(3x+1)\times\boxed{2}=\boxed{6x+2}$

例題 3 $3(x-4)-5(2x+1)=3x-\boxed{12}-10x\boxed{-}5$

$=\boxed{-7x-17}$

例題 4 $5(2x+1)-3(3x-2)=10x+5-\boxed{9x+6}$

$=\boxed{x+11}$

例題 5 $\frac{1}{3}(6x-12)+\frac{3}{4}(8x-4)=\boxed{2}x-4+\boxed{6}x\boxed{-}3$

$=\boxed{8x-7}$

用語・公式 check!

□ $6a-2b$ の項を答えなさい。		$6a,\ -2b$
□ $-3y$ の係数は何か。		-3
□ $3x+4x$ を計算しなさい。		$7x$
□ $2x-5x$ を計算しなさい。		$-3x$
□ $7x+3-5x-9$ を計算しなさい。		$2x-6$
□ $2a+3$ と $6a-5$ の加法をたて書きですると，右のようになる。□に答を入れなさい。	$\begin{array}{rr} & 2a+3 \\ +) & 6a-5 \\ \hline & \square \end{array}$	$8a-2$
□ $(3a+5)-(a-1)$ を計算しなさい。		$2a+6$
□ $a+7$ と $5a-2$ の減法をたて書きですると，右のようになる。□に答を入れなさい。	$\begin{array}{rr} & a+7 \\ -) & 5a-2 \\ \hline & \square \end{array}$	$-4a+9$
□ $6x\times5$ を計算しなさい。		$30x$
□ $a\times(-2)$ を計算しなさい。		$-2a$
□ $9x\div3$ を計算しなさい。		$3x$
□ $\frac{1}{5}x\div2$ を計算しなさい。		$\frac{1}{10}x$
□ $-3(3x-4)=-9x\ \square$		$+12$
□ $-(2+9a)=\square$		$-2-9a$
□ $(x-1)\times(-2)=\square$		$-2x+2$
□ $(6a-4)\div2=\square$		$3a-2$
□ $\frac{2x+1}{3}\times9=\frac{(2x+1)\times\overset{3}{\cancel{9}}}{\underset{1}{\cancel{3}}}=\square$		$6x+3$
□ $5(x-1)+4(x-2)=5x-5+\square$		$4x-8$
□ $2(x+1)-3(x-1)=2x+2-\square$		$3x+3$

節末練習問題

教 p.80

〔1次式の加減〕

1 次の計算をしなさい。

(1) $6x-x$

($5x$)

(2) $x+x+x$

($3x$)

(3) $7a-11a+2a$

($-2a$)

(4) $-a+3-2a-5$

($-3a-2$)

(5) $(3x-7)+(x-1)$

$=3x-7+x-1$ ($4x-8$)

(6) $(a-6)-(5a+4)$

$=a-6-5a-4$ ($-4a-10$)

2 $4x-5$から$-2x-7$をひいたときの差を求めなさい。

$(4x-5)-(-2x-7)=4x-5+2x+7=6x+2$ ($6x+2$)

〔1次式と数の乗除〕

3 次の計算をしなさい。

(1) $3a\times8$

($24a$)

(2) $(-x)\times(-5)$

($5x$)

(3) $-4(2x-1)$

($-8x+4$)

(4) $(a+7)\times(-5)$

($-5a-35$)

(5) $(8x-4)\div4$

($2x-1$)

(6) $(9x-6)\div(-3)$

($-3x+2$)

(7) $\dfrac{2x+3}{4}\times12$

$=(2x+3)\times3$ ($6x+9$)

(8) $21\times\dfrac{5x-4}{7}$

$=3\times(5x-4)$ ($15x-12$)

(9) $(3x+6)-2(3x+1)$

$=3x+6-6x-2$ ($-3x+4$)

(10) $-3(x-2)+2(x+1)$

$=-3x+6+2x+2$ ($-x+8$)

でる (11) $3(5x-2)-3(2-3x)$

$=15x-6-6+9x$ ($24x-12$)

(12) $5(2-x)-4(-1-2x)$

$=10-5x+4+8x$ ($3x+14$)

3節 文字式の利用

要点 ❶ 数の表し方 教 p.83

文字式の利用

3に1や2，負の数や0をかけた形で表せる数は，3の倍数である。

nが整数のとき，$3n$は3の倍数を表している。

$\vdots$
$6=3\times 2$
$3=3\times 1$
$0=3\times 0$
$-3=3\times(-1)$
$-6=3\times(-2)$
$\vdots$
$3\times n$

いろいろな数の表し方

nが整数のとき，偶数 ⇨ $2n$

奇数 ⇨ $2n+1$（$2n-1$でもよい）

2つの続いた整数 ⇨ n，$n+1$

十の位がx，一の位がyの数 ⇨ $10x+y$

重要例題

例題1 nを整数とする。 ① 4の倍数は［$4n$］と表される。

② $7n$は［7の倍数］を表している。$n=2$のとき，$7n=$［14］
$n=5$のとき，$7n=$［35］である。 ←14も35も7の倍数である

③ 3つの続いた整数は，n，$n+1$，$n+$［2］と表される。

④ 2つ続いた偶数は，$2n$，［$2n+2$］，または，［$2n-2$］，$2n$と表される。

例題2 nが整数のとき，2つ続いた整数の和は，
$n+(n+1)=$［$2n+1$］と表され，［奇数］になることがわかる。

例題3 ① 十の位がa，一の位が6の数は，［$10a+6$］と表される。

② 十の位が7，一の位がbの数は，［$70+b$］と表される。

③ 十の位がm，一の位がnの数は，［$10m+n$］と表される。

要点 ❷ 数量の間の関係の表し方 教 p.84～p.85

等式《とうしき》……等号を使って数量の間の関係を表した式。

$3x+2 = 8$ ……等式

左辺《さへん》　右辺《うへん》

└両辺┘

不等式《ふとうしき》……不等号を使って数量の間の関係を表した式。

$3x+2 < 8$ ……不等式

左辺　右辺

└両辺┘

絶対暗記！

aはbより大きい……$a>b$

aはbより小さい……$a<b$

（aはb未満）

aはb以上……$a \geqq b$

aはb以下……$a \leqq b$

重要！例題

例題1 次の数量の間の関係を，等式または不等式で表しなさい。

(1)　aの5倍からbをひいたときの差は10以上である。

(2)　xと3の和を5倍したらyになった。

(3)　amのひもから8m切り取ったら，残りは2m未満になった。

(4)　x円の品物を7個買うとき，1000円札を出しておつりをもらった。

(5)　90円のオレンジx個と，140円のりんごy個の代金は870円だった。

(6)　80枚の色紙をx人に5枚ずつ配ろうとしたら，たりなかった。

〈解答〉　(1)　$5a-b \geqq 10$　←以上なので ≧ を使う　＞ では×

(2)　$5(x+3)=y$　←$x+3 \times 5$としてしまわないように注意する

(3)　$a-8<2$　←未満なので ＜ を使う

(4)　$7x<1000$

(5)　$90x+140y=870$

(6)　$5x>80$

用語・公式check!

□十の位がaで，一の位がbの数	$10a+b$
□十の位が7で，一の位がyの数	$70+y$
□十の位がxで，一の位が1の数	$10x+1$
□nが整数のとき，$2n$で表される数	偶数
□nが整数のとき，$2n+1$で表される数	奇数
□nが整数のとき，$2n-1$で表される数	奇数
□nが整数のとき，$15n$で表される数	15の倍数
□mが整数のとき，mの1つ前の数	$m-1$
□mが整数のとき，3つの続いた整数m，$m+1$，$m+2$の和	$3m+3$
□「xは10より大きい」を不等号を使って表しなさい。	$x>10$
□「xは10以上」を不等号を使って表しなさい。	$x \geqq 10$
□「xは10以下」を不等号を使って表しなさい。	$x \leqq 10$
□「xは10未満」を不等号を使って表しなさい。	$x<10$
□「xは10より小さい」を不等号を使って表しなさい。	$x<10$
□「xは10以下」のとき，10はxにふくまれるか。	ふくまれる
□「xは10未満」のとき，10はxにふくまれるか。	ふくまれない
□「xは10より大きい」とき，10はxにふくまれるか。	ふくまれない
□「xから2をひいた数と，yの3倍は等しい」を式で表しなさい。	$x-2=3y$
□「10からxをひいた数はy以下になる」を式で表しなさい。	$10-x \leqq y$
□「8のx倍はyより大きい」を式で表しなさい。	$8x>y$
□「xとyの和は7未満」を式で表しなさい。	$x+y<7$
□「分速xmで20分走ったら，ym以上進んだ」を式で表しなさい。	$20x \geqq y$

節末練習・問題

〔数の表し方〕

1　次の数を，文字を使って表しなさい。

(1)　十の位が9，一の位がxの数　（　$90+x$　）

(2)　nを整数とするとき，18の倍数　（　$18n$　）

(3)　2つの続いた整数のうち，小さいほうの整数をnと表したとき，大きいほうの整数　大きいほうの整数は，nより1大きい　（　$n+1$　）

(4)　2つの続いた整数のうち，大きいほうの整数をmと表したとき，小さいほうの整数　小さいほうの整数はmより1小さい　（　$m-1$　）

〔数量の間の関係を表す式〕

でる **2**　次の数量の間の関係を，等式または不等式で表しなさい。

(1)　x枚の色紙を10人で分けたら，ちょうど1人y枚ずつもらえた。

（　$\frac{x}{10}=y$　（$10y=x$）　）

(2)　amはなれた公園に行くのに，分速60mの速さで歩いていくとb分以上かかる。

（　$\frac{a}{60}\geqq b$　（$a\geqq 60b$）　）

(3)　xLの水が入る水そうに，毎分2Lずつ水を入れていったが，y分たってもいっぱいにならなかった。　（　$2y<x$　）

3　りんご1個の値段がa円，みかん1個の値段がb円のとき，次の不等式や等式はどんなことを表しているか答えなさい。

アドバイス

まず，$3a$や$2b$が何を表すか考える。

(1)　$3a+2b<800$

（　りんご3個とみかん2個の代金の合計は800円未満である。　）

(2)　$1000-6a=100$

（　りんご6個を買って1000円出すと，おつりは100円である。　）

これが出る! 定期テスト対策

1 次の式を，文字式の表し方にしたがって表しなさい。

(1) $x\times(-5)$ ($-5x$)

(2) $x\times x\times 4$ ($4x^2$)

(3) $(a+b)\times 3$ ($3(a+b)$)

(4) $3\times x+5\times y$ ($3x+5y$)

(5) $x\div 6$ ($\dfrac{x}{6}$ $\left(\dfrac{1}{6}x\right)$)

(6) $7x\div 5$ ($\dfrac{7x}{5}$ $\left(\dfrac{7}{5}x\right)$)

(7) $(x+2)\div 3$ ($\dfrac{x+2}{3}$)

(8) $(x-5)\times(-3)$ ($-3(x-5)$)

2 次の式を，×や÷の記号を使って表しなさい。

(1) $-a^2$ ($-1\times a\times a$)

(2) $x-9y$ ($x-9\times y$)

(3) $\dfrac{5-a}{7}$ ($(5-a)\div 7$)

でる **3** $a=-3$ のとき，次の式の値を求めなさい。

(1) $-a$ $-(-3)=3$ (3)

(2) a^2+5a $(-3)^2+5\times(-3)=9-15=-6$ (-6)

(3) $-2a^2$ $-2\times(-3)^2=-2\times 9=-18$ (-18)

4 次の式の項と係数を答えなさい。

(1) $-x-10y$

(項 $-x,\ -10y$

xの係数 -1 yの係数 -10)

(2) $a-\dfrac{b}{8}$

(項 $a,\ -\dfrac{b}{8}$

aの係数 1 bの係数 $-\dfrac{1}{8}$)

5　次の計算をしなさい。

(1)　$4x+8x$　（ $12x$ ）
(2)　$-3x+6x$　（ $3x$ ）
(3)　$6x-3x-5x$　（ $-2x$ ）
(4)　$x+5-6x-4$　（ $-5x+1$ ）
(5)　$(4x+1)-(-5x+2)$
$=4x+1+5x-2$　（ $9x-1$ ）
(6)　$(6x-2)-(3x-4)$
$=6x-2-3x+4$　（ $3x+2$ ）

でる 6　次の計算をしなさい。

(1)　$5x\times(-6)$　（ $-30x$ ）
(2)　$3\times\frac{2}{3}x$　（ $2x$ ）
(3)　$-3(2x-1)$
（ $-6x+3$ ）
(4)　$(18x-10)\div(-2)$
$=(18x-10)\times\left(-\frac{1}{2}\right)$　（ $-9x+5$ ）
(5)　$(8a+12)\times\left(-\frac{3}{4}\right)$
（ $-6a-9$ ）
(6)　$\left(\frac{2}{3}x-\frac{1}{4}\right)\times12$
（ $8x-3$ ）
(7)　$\frac{2x+1}{3}\times12$
$=(2x+1)\times4$　（ $8x+4$ ）
(8)　$21\times\frac{x-2}{3}$
$=7\times(x-2)$　（ $7x-14$ ）
(9)　$3(x+2)+5(2x-1)$
$=3x+6+10x-5$　（ $13x+1$ ）
(10)　$-2(x-1)+3(x+1)$
$=-2x+2+3x+3$　（ $x+5$ ）
(11)　$2(2x-1)-3(x+4)$
$=4x-2-3x-12$　（ $x-14$ ）
(12)　$5(2x-6)-4(3x-7)$
$=10x-30-12x+28$　（ $-2x-2$ ）

7　次の数量の間の関係を，等式または不等式で表しなさい。

(1)　10mでxgの針金ymの重さは50g以上である。

1mの重さは$\frac{x}{10}$g，ymの重さは$\frac{x}{10}\times y=\frac{xy}{10}$(g)　（ $\frac{xy}{10}\geqq50$ ）

(2)　ある学校の昨年の男子の数はa人で，今年は昨年よりb%減って，210人になった。

減った人数は，a人のb%で　$a\times\frac{b}{100}=\frac{ab}{100}$(人)　（ $a-\frac{ab}{100}=210$ ）

8 同じ点Oを中心とする，半径 4 cmと半径 7 cmの円がある。次の問について，πを使って表しなさい。

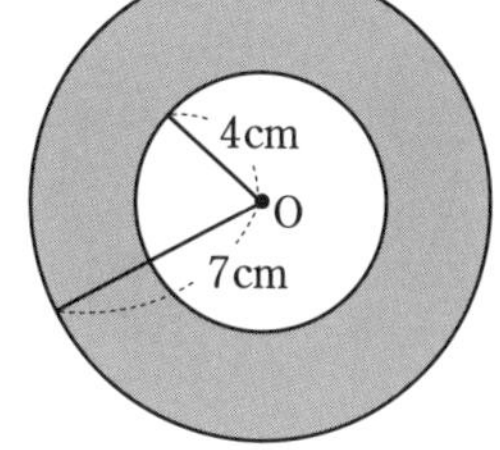

(1) 外側の円周の長さは，内側の円周より何cm長いか。

$2\pi\times7-2\pi\times4=14\pi-8\pi=6\pi$

（　6πcm　）

(2) この 2 円の間にある部分の面積は何cm^{2}か。

$\pi\times7^2-\pi\times4^2=49\pi-16\pi=33\pi$

（　33πcm^2　）

この考え方も身につけよう

右の図のように，マッチ棒を使って，三角形をつくっていく。三角形をn個つくるのに必要なマッチ棒は何本か答えなさい。

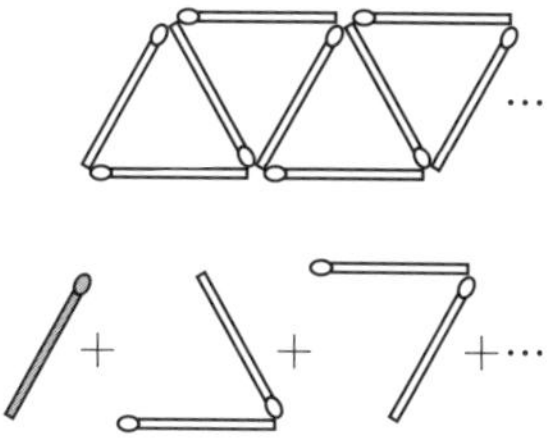

〈解答 1〉はじめに左はしの 1 本を置く。そこからは，三角形を 1 個つくるのに，マッチ棒は［ 2 ］本ずつ必要になるので，n個の三角形をつくるのに必要なマッチ棒は

$1+$［ 2 ］$\times n=$（［ $1+2n$ ］）本

〈解答 2〉 1 個目の三角形をつくるのに必要なマッチ棒は 3 本。2 個目からは三角形を 1 個つくるのにマッチ棒は 2 本ずつ必要になるので，n個の三角形をつくるのに必要なマッチ棒は

$3+2\times$［ $(n-1)$ ］$=3+$［ $2n-2$ ］$=$（［ $1+2n$ ］）本

3章 未知の数の求め方を考えよう
―方程式

1節 方程式とその解き方

要点

❶ 方程式とその解　教 p.92～p.95

方程式《ほうていしき》……式のなかの文字にある値を代入すると成り立つ等式。　例　$3x-20=-23$

方程式の解《かい》……方程式を成り立たせる文字の値。また，方程式の解を求めることを，**方程式を解**《と》**く**という。

等式の性質　$A=B$ ならば，

1 $A+C=B+C$　　2 $A-C=B-C$

3 $AC=BC$　　4 $\dfrac{A}{C}=\dfrac{B}{C}$　$(C\neq 0)$

5 $B=A$　　・$C\neq 0$ は，C が 0 でないことを表す。

重要例題

例題1　-1，0，1 のうち，方程式 $3x-1=2$ の解はどれか。

〈解答〉　$x=-1$ のとき　$3x-1=\boxed{-4}$，$x=0$ のとき　$3x-1=\boxed{-1}$，$x=1$ のとき　$3x-1=\boxed{2}$。よって，解は $\boxed{1}$

例題2　次の方程式を解きなさい。

(1)　$x+8=5$　　(2)　$2x=3$　　(3)　$\dfrac{2}{3}x=6$

〈解答〉　(1)　$x+8-\boxed{8}=5-\boxed{8}$　←左辺を x だけにするために，両辺から $\boxed{8}$ をひく

$x=\boxed{-3}$

(2)　$\dfrac{2x}{\boxed{2}}=\dfrac{3}{\boxed{2}}$　$x=\boxed{\dfrac{3}{2}}$　←x の係数を 1 にするために，両辺を $\boxed{2}$ でわる

(3)　$\dfrac{2}{3}x\times\boxed{\dfrac{3}{2}}=6\times\boxed{\dfrac{3}{2}}$　←x の係数を 1 にするために，両辺に $\boxed{\dfrac{3}{2}}$ をかける

$x=\boxed{9}$

要点 ❷ 方程式の解き方 教 p.96～p.97

移項《いこう》……等式の一方の辺にある項《こう》は，符号《ふごう》を変えて他方の辺に移すことができる。このことを**移項**という。

方程式の解き方

1. xをふくむ項を左辺に，数の項を右辺に移項する。
2. $ax=b$の形にする。
3. 両辺をxの係数aでわる。

$4x+1=2x+9$
↓ 1
$4x-2x=9-1$
↓ 2
$2x=8$
↓ 3
$x=4$

㊟移項すると符号が変わる。

重要 例題

例題 1 $x-8=2$を解きなさい。

〈解答〉 $x=2\boxed{\;+\;}8$ ←数の項を右辺に集める（-8を移項する）

$x=\boxed{\;10\;}$

例題 2 $7x=2x-45$を解きなさい。

〈解答〉 $7x\boxed{\;-\;}2x=-45$ ←xをふくむ項を左辺に集める（$2x$を移項する）

$\boxed{\;5x\;}=-45$

$x=\boxed{\;-9\;}$

例題 3 $8x-1=2x+23$を解きなさい。

〈解答〉 $8x-\boxed{\;2x\;}=23+\boxed{\;1\;}$ ←xをふくむ項を左辺に，数の項を右辺に集める

$\boxed{\;6x\;}=24$

$x=\boxed{\;4\;}$

例題 4 $x+2=7-3x$を解きなさい。

〈解答〉 $x\boxed{\;+\;}3x=7\boxed{\;-\;}2$

$\boxed{\;4x\;}=5$

$x=\boxed{\dfrac{5}{4}}$

要点 ❸ いろいろな方程式　教 p.98〜p.100

いろいろな方程式の解き方 1

- かっこをふくむ方程式……かっこをはずしてから解く。
- 小数をふくむ方程式……10，100，1000などを両辺にかけて，小数をふくまない形に変形してから解くとよい。

重要例題

例題 1 $5x-2(x+3)=-9$ を解きなさい。

〈解答〉 $5x-2x\boxed{-6}=-9$　←かっこをはずす

$3x=-9+\boxed{6}$

$3x=\boxed{-3}$　　$x=\boxed{-1}$

例題 2 $0.8x+0.9=6.5$ を解きなさい。

〈解答〉 $(0.8x+0.9)\times\boxed{10}=6.5\times\boxed{10}$　←両辺に $\boxed{10}$ をかける

$\boxed{8x}+9=\boxed{65}$　　$8x=\boxed{56}$

$\boxed{8x}=\boxed{65}-9$　　$x=\boxed{7}$

例題 3 $0.1x-0.4=0.06x+2$ を解きなさい。

〈解答〉 $(0.1x-0.4)\times\boxed{100}=(0.06x+2)\times\boxed{100}$　←両辺に $\boxed{100}$ をかける

$\boxed{10x}-40=6x+\boxed{200}$

$\boxed{10x}-6x=\boxed{200}+40$

$\boxed{4x}=\boxed{240}$　　$x=\boxed{60}$

例題 4 $0.2(x-3)=-x+3$ を解きなさい。

〈解答〉 $0.2x\boxed{-0.6}=-x+3$　←かっこをはずす

$(0.2x\boxed{-0.6})\times\boxed{10}=(-x+3)\times\boxed{10}$　←両辺に $\boxed{10}$ をかける

$2x-\boxed{6}=\boxed{-10x+30}$

$2x+\boxed{10x}=\boxed{30}+6$

$12x=\boxed{36}$　　$x=\boxed{3}$

要点

いろいろな方程式の解き方②

・**分数をふくむ方程式**……分母をはらって，分数をふくまない形に変形してから解くとよい。

1 次方程式……移項して，**(1 次式)=0** の形に変形できる方程式を**1 次方程式**という。

★分母をはらう……分数をふくむ方程式の両辺に分母の公倍数をかけて，分数をふくまない形に変形すること。

重要 例題

例題 1 $\dfrac{1}{4}x+5=\dfrac{2}{3}x$ を解きなさい。

〈解答〉 $\left(\dfrac{1}{4}x+5\right)\times\boxed{12}=\dfrac{2}{3}x\times\boxed{12}$ ←両辺に $\boxed{12}$ をかける

$\boxed{3x}+60=\boxed{8x}$

$\boxed{3x}-8x=-60$

$\boxed{-5x}=-60$

$x=\boxed{12}$

例題 2 $\dfrac{x-3}{2}=\dfrac{2x+1}{5}$ を解きなさい。

〈解答〉 $\dfrac{x-3}{2}\times\boxed{10}=\dfrac{2x+1}{5}\times\boxed{10}$ ←両辺に $\boxed{10}$ をかける

$(x-3)\times\boxed{5}=(2x+1)\times\boxed{2}$

$\boxed{5x-15}=4x+\boxed{2}$

$\boxed{5x}-4x=2+\boxed{15}$　　$x=\boxed{17}$

例題 3 x についての方程式 $-2x+a=4x-5$ の解が $x=2$ であるとき，a の値を求めなさい。

〈解答〉 $-2x+a=4x-5$ の x に 2 を代入して ←解が 2 なので，x に 2 を代入すると成り立つ

$-2\times\boxed{2}+a=4\times\boxed{2}-5$

$\boxed{-4}+a=\boxed{3}$　　したがって　$a=\boxed{7}$

用語・公式 check!

□方程式を成り立たせる文字の値を何というか。

解

□$4x=6$　この方程式を解くとき，両辺をいくつでわればよいか。

4

□$\frac{1}{3}x=4$　この方程式を解くとき，両辺にいくつをかければよいか。

3

□$-\frac{2}{3}x=3$　この方程式を解くとき，両辺にいくつをかければよいか。

$-\frac{3}{2}$

□①，②に入る符号を答えなさい。

$$9x+5=4-6x$$
$$9x\boxed{①}6x=4\boxed{②}5$$
（移項する）

①＋　②－

□①～④に入る符号や数を答えなさい。

$$5-4x=-2x+1$$
$$-4x\boxed{①}2x=1\boxed{②}5$$
$$\boxed{③}x=-4$$
$$x=\boxed{④}$$

①＋　②－
③－2　④2

□①～④に入る数を答えなさい。

$$0.3x-0.2=0.05x+7$$
$$\boxed{②}x-\boxed{③}=5x+\boxed{④}$$
（両辺を $\boxed{①}$ 倍する）

①100　②30
③20　④700

□①～④に入る数を答えなさい。

$$x+\frac{2}{3}=-\frac{7}{9}x-\frac{1}{3}$$
$$\boxed{②}x+\boxed{③}=-\boxed{④}x-3$$
（両辺を $\boxed{①}$ 倍する）

①9　②9
③6　④7

□①～④に入る数を答えなさい。

$$\frac{5x+3}{2}=-\frac{x-4}{3}$$
$$\boxed{②}x+9=-\boxed{③}x+\boxed{④}$$
（両辺を $\boxed{①}$ 倍する）

①6　②15
③2　④8

節末練習問題　教 p.100

〔方程式の解〕

1　次の方程式のうち，3 が解であるものはどれか。

㋐　$x-2=1$　　㋑　$\frac{x}{6}=1$　　㋒　$2x-1=5$　　㋓　$2x+1=3x$

x に 3 を代入し，(左辺)＝(右辺)になるものを選ぶ　　（　㋐と㋒　）

〔等式の性質を使った方程式の解き方〕

2　次の方程式を解きなさい。

(1)　$x-4=7$　　（　$x=11$　）

(2)　$12+x=4$　　（　$x=-8$　）

(3)　$2x=14$　　（　$x=7$　）

(4)　$6x=-2$　　（　$x=-\frac{1}{3}$　）

(5)　$-12=-18x$　　（　$x=\frac{2}{3}$　）

(6)　$\frac{1}{4}x=-7$　　（　$x=-28$　）

〔移項の考えを使った方程式の解き方〕

でる **3**　次の方程式を解きなさい。

(1)　$2x+7=15$

$2x=15-7$

$2x=8$　　（　$x=4$　）

(2)　$-5-6x=3x+4$

$-6x-3x=4+5$

$-9x=9$　　（　$x=-1$　）

(3)　$2+10x=6x-1$

$10x-6x=-1-2$

$4x=-3$　　（　$x=-\frac{3}{4}$　）

(4)　$5x=6(x-1)$

$5x=6x-6$

$5x-6x=-6$

$-x=-6$　　（　$x=6$　）

(5)　$0.3x=5+0.1x$

$3x=50+x$

$3x-x=50$

$2x=50$　　（　$x=25$　）

(6)　$\frac{1}{5}x+2=\frac{1}{7}x$

$7x+70=5x$

$7x-5x=-70$

$2x=-70$　　（　$x=-35$　）

2 節　1次方程式の利用

要点

❶ 1次方程式の利用　教 p.103〜p.106

方程式を使って問題を解く手順

1 何をxで表すかを決める
⇩
2 問題にふくまれている数量を，xを使って表す
⇩
3 数量の間の関係を見つけて，方程式をつくる
⇩
4 方程式を解く
⇩
5 方程式の解が問題に適しているか確かめる

重要例題

例題1 ノート6冊と，90円の消しゴム1個を買ったときの代金が750円であった。ノート1冊の値段を求めなさい。

〈解答〉 ノート1冊の値段をx円とすると，

$\boxed{6x}+90=750$　← (ノートの代金)＋(消しゴムの代金)

$\boxed{6x}=750-\boxed{90}$　＝(全体の代金)

$\boxed{6x}=660$　$x=\boxed{110}$　これは問題に適している。　答　110円

例題2 ある中学校の1年生の生徒数は160人で，男子は女子よりも10人多い。この中学校の1年生の女子の人数を求めなさい。

〈解答〉 女子の人数をx人とすると，男子の人数は$(\boxed{x+10})$人と表すことができるので，

$x+(\boxed{x+10})=160$　← (女子の人数)＋(男子の人数)

$x+\boxed{x}+10=160$　＝(1年生の生徒数)

$\boxed{2x}=160-\boxed{10}$

$\boxed{2x}=150$　$x=\boxed{75}$

これは問題に適している。　答　75人

要点

1次方程式の利用(個数の問題)

問 1個80円のあめと1個50円のガムを合わせて14個買ったら，代金は940円であった。それぞれ何個買ったか。

考え方 「あめとガムを合わせて14個買った」とき，買ったあめをx個とすると，買ったガムの個数は，$(14-x)$個と表せる。

解　答

あめをx個買ったとすると

$80x+50(14-x)=940$

$80x+700-50x=940$

$80x-50x=940-700$

$30x=240$

$x=8$　$14-8=6$

これは問題に適している。

答　あめ　8個
　　ガム　6個

重要例題

例題1 1個100円のオレンジと1個150円のりんごを合わせて10個買い，代金の合計を1200円にしたい。それぞれ何個買えばよいか。

〈解答〉 オレンジをx個買うとして，下の表で問題の数量を整理すると，

	オレンジ	りんご	合計
1個の値段(円)	100	150	
個数(個)	x	$10-x$	10
代金(円)	$100x$	$150(10-x)$	1200

これより，$100x+150(\boxed{10-x})=1200$

$100x+\boxed{1500}-150x=1200$

$100x-150x=1200-\boxed{1500}$

$-50x=\boxed{-300}$　　$x=\boxed{6}$

りんごは，$10-\boxed{6}=\boxed{4}$(個)

これは問題に適している。　答　オレンジ6個，りんご4個

要点

1次方程式の利用(過不足の問題)

問　折り紙を何人かの子どもに配るのに，①1人5枚ずつ配ると8枚たりない。また，②1人4枚ずつ配ると12枚余る。子どもの人数と折り紙の枚数を求めなさい。

考え方

1　子どもの人数をx人として，①と②それぞれについて，折り紙の枚数をxを使った式で表す。

2　(①の式)＝(②の式)　という方程式を解いて，x(子どもの人数)を求める。

3　①か②の式を利用して，折り紙の枚数を求める。

重要例題

例題1　折り紙を何人かの子どもに配るのに，1人5枚ずつ配ると8枚たりない。また，1人4枚ずつ配ると12枚余る。子どもの人数と折り紙の枚数を求めなさい。

〈解答〉　子どもの人数をx人とする。「1人5枚ずつ配ると8枚たりない」を線分図で表すと，右の①のようになる。

「1人4枚ずつ配ると12枚余る」を線分図で表すと，右の②のようになる。

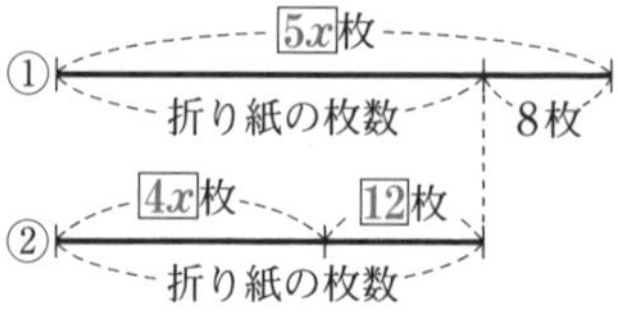

これより，折り紙の枚数を2通りの式で表し，方程式をつくると，

$5x-\boxed{8}=\boxed{4x+12}$　←(①の式)＝(②の式)

$5x-\boxed{4x}=\boxed{12}+\boxed{8}$

$x=\boxed{20}$　←子どもの人数

折り紙の枚数は　$5\times\boxed{20}-\boxed{8}=\boxed{92}$　←①の式を利用する

これは問題に適している。　答　子ども　20人，折り紙　92枚

要点

1次方程式の利用（速さの問題）

（速さ）＝（道のり）÷（時間）

（時間）＝（道のり）÷（速さ）

（道のり）＝（速さ）×（時間）

の公式を利用して，方程式をつくる。

注 分速amを　am/min　と書くこともある。

重要例題

例題1 弟は8時に家を出た。兄は弟が出てから6分後に家を出て弟を追いかけた。弟は分速50m，兄は分速80mで歩くと，兄は家を出てから何分後に弟に追いつくか。

〈解答〉 兄が出発してからx分後に弟に追いつくとして，追いつくまでの時間と道のりをまとめると，

	弟	兄
速さ（m/min）	50	80
時間（分）	$x+6$	x
道のり（m）	$50(x+6)$	$80x$

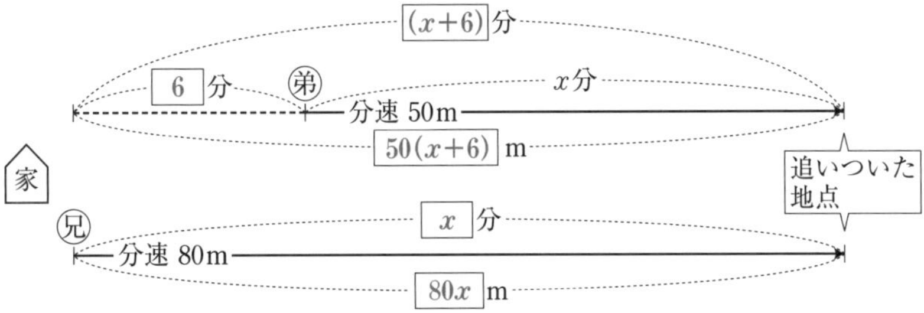

これより，$50(x+6)=80x$

$50x+300=80x$

$50x-80x=-300$

$-30x=-300$

$x=10$

これは問題に適している。　　　　答　10分後

要点 ❷ 比例式の利用 教 p.107〜p.109

比例式《ひれいしき》……$5:8=x:6$ のように，比が等しいことを表す式を**比例式**という。

比例式の性質

$a:b=m:n$

ならば

$an=bm$

$$\boldsymbol{a:b=m:n}$$
（内側 bm，外側 an）

★・$a:b$ で表された比で，$\dfrac{a}{b}$ を比の値という。

・比の値が等しいとき，それらの比は等しい。

重要！例題

例題 1 次の比例式で，x の値を求めなさい。

(1) $10:x=6:9$　　(2) $4:14=x:6$

〈解答〉 (1) $10\times\boxed{9}=\boxed{x\times6}$　← $10:x=6:9$

$x=\dfrac{10\times\boxed{9}}{\boxed{6}}=\boxed{15}$

(2) $\boxed{4}\times6=\boxed{14\times x}$　← $4:14=x:6$

$x=\dfrac{\boxed{4\times6}}{\boxed{14}}=\boxed{\dfrac{12}{7}}$

例題 2 $6:(x+5)=18:9$ で，x の値を求めなさい。

〈解答〉 $6\times\boxed{9}=\boxed{(x+5)}\times\boxed{18}$　← $6:(x+5)=18:9$

$\boxed{54}=\boxed{18}x+\boxed{90}$

$-\boxed{18}x=90-\boxed{54}$

$-\boxed{18}x=\boxed{36}$　　$x=\boxed{-2}$

要点

比例式の利用

問　1200円を兄と弟で分けるのに，兄と弟の金額の比が3：2になるようにする。兄の金額はいくらになるか。

考え方

兄と弟の金額の比が3：2のとき，全体の比は5となるので，

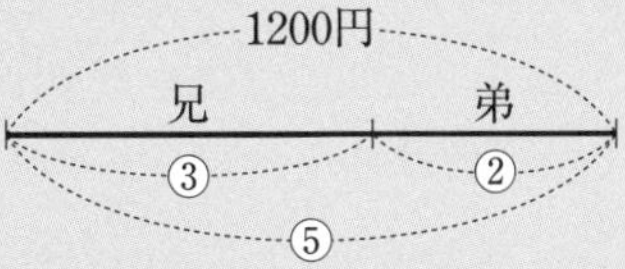

(全体の金額)：(兄の金額)＝5：3である。

解　答

兄がx円になるとすると

$5:3=1200:x$

$5\times x=3\times 1200$

$x=\dfrac{3\times 1200}{5}=720$

<u>答　720円</u>

重要 例題

例題1 白石が140個，黒石が350個入っている袋Aと，白石が30個入っている袋Bがある。袋Bに黒石を何個入れると，袋Aと袋Bに入っている白石と黒石の割合は同じになるか。

〈解答〉　袋Aの白石と黒石の個数の比は，$140:350=\boxed{2:5}$

袋Bに入れる黒石をx個とすると，$\boxed{2}:\boxed{5}=30:x$

$\boxed{2}\times x=\boxed{5}\times 30$，$x=\dfrac{\boxed{5}\times 30}{\boxed{2}}=\boxed{75}$　　<u>答　75個</u>

例題2 210cmのテープを姉と妹で分けるのに，姉と妹の長さの比が4：3になるようにしたい。妹のテープの長さを何cmにすればよいか。

〈解答〉　妹のテープの長さを$x$cmとすると，

$\boxed{7}:\boxed{3}=210:x$　← (全体の長さ)：(妹の長さ)＝7：3

$\boxed{7}\times x=\boxed{3}\times 210$，$x=\dfrac{\boxed{3}\times 210}{\boxed{7}}=\boxed{90}$　　<u>答　90cm</u>

用語・公式 check!

□ 1 個128円の品物をx個買ったときの代金が2176円であった。このことを等式を使って表しなさい。	$128x=2176$
□鉛筆とボールペンを合わせて25本買った。鉛筆をx本買ったとすると，ボールペンは何本買ったか。	$(25-x)$本
□折り紙をx人の子どもに分けるのに，1 人に10枚ずつ分けると 3 枚たりない。このとき，折り紙の枚数をxを使って表しなさい。	$(10x-3)$枚
□折り紙をx人の子どもに分けるのに，1 人に 9 枚ずつ分けると 6 枚余る。このとき，折り紙の枚数をxを使って表しなさい。	$(9x+6)$枚
□ノート 1 冊の値段をx円とする。ノートを 6 冊買うことにしたら，50円余った。このとき，持っていた金額をxを使って表しなさい。	$(6x+50)$円
□ノート 1 冊の値段をx円とする。ノートを 7 冊買うことにしたら，30円たりなかった。このとき，持っていた金額をxを使って表しなさい。	$(7x-30)$円
□(速さ)＝□	(道のり)÷(時間)
□(道のり)＝□	(速さ)×(時間)
□(時間)＝□	(道のり)÷(速さ)
□分速50mでx分歩いたときの道のりを求めなさい。	$50x$m
□妹が家を出て歩いて駅に向かった。その 7 分後に兄が家を出て自転車で妹を追いかけた。兄が家を出てからx分後に妹に追いついたとき，妹は家を出てから兄に追いつかれるまで何分間歩いたか。	$(7+x)$分
□$2:x=3:5$のとき，[①]＝[②]x	①10　②3
□$5:6=(x-2):4$のとき，[①]＝[②]$(x-2)$	①20　②6

節末練習問題　教 p.109

〔1次方程式の利用〕

1　鉛筆を10本と色鉛筆を5本買い，1350円はらった。1本の値段は，色鉛筆のほうが鉛筆より30円高いという。鉛筆1本の値段と色鉛筆1本の値段をそれぞれ求めなさい。

鉛筆1本の値段をx円とすると

$10x+5(x+30)=1350$

$10x+5x+150=1350$

$15x=1350-150$

$15x=1200$　$x=80$　$80+30=110$

これは問題に適している。

（鉛筆　80円　，色鉛筆　110円　）

アドバイス

まず，鉛筆1本の値段を求める。

2　1本100円の缶のお茶と，1本120円の缶のコーヒーを合わせて9本買ったときの代金の合計は960円であった。それぞれ何本買ったか求めなさい。

お茶をx本買ったとすると

$100x+120(9-x)=960$

$100x+1080-120x=960$

$-20x=960-1080$

$-20x=-120$　$x=6$　$9-6=3$

これは問題に適している。

（お茶　6本　，コーヒー　3本　）

アドバイス

お茶をx本買ったとすると，コーヒーは何本買ったことになるかを考える。

3　色紙を何人かの子どもに配るのに，1人7枚ずつ配ると5枚たりない。また，1人6枚ずつ配ると10枚余る。子どもの人数と色紙の枚数を求めなさい。

子どもの人数をx人とすると，色紙の枚数は，

1人に7枚ずつ配ると5枚たりないので　$(7x-5)$枚と表せる。また，

1人に6枚ずつ配ると10枚余るので　$(6x+10)$枚と表せる。

$7x-5=6x+10$　より　$x=15$

色紙の枚数は　$6\times15+10=100$

これは問題に適している。

（子ども　15人　，色紙　100枚　）

でる **4**　姉は10時に家を出て，分速60mの速さで歩いて駅に向かった。姉の忘れ物に気づいた妹が，10時10分に家を出て，分速260mの速さで自転車で姉を追いかけた。妹が姉に追いつくのは，10時何分か。

妹が家を出てx分後に姉に追いつくとすると

$60(10+x)=260x$

$600+60x=260x$

$60x-260x=-600$

$-200x=-600$　$x=3$，$10+3=13$

これは問題に適している。　（ 10時13分 ）

〔比例式の性質〕

でる **5**　次の比例式で，xの値を求めなさい。

(1)　$9:4=x:32$

$9\times32=4\times x$　$x=\frac{9\times32}{4}=72$

（　$x=72$　）

(2)　$x:8=15:12$

$x\times12=8\times15$　$x=\frac{8\times15}{12}=10$

（　$x=10$　）

〔比例式の利用〕

6　同じ種類のくぎが何本もある。くぎ全体の重さは210gあった。同じくぎ20本の重さをはかったら，30gだった。くぎは全部で何本あるか。

くぎが全部でx本あるとすると，$20:x=30:210$

$20\times210=x\times30$　$x=\frac{20\times210}{30}=140$　（　140本　）

7　320枚の色紙を姉と妹で分けるのに，姉と妹の枚数の比が5：3になるようにしたい。姉と妹の枚数をそれぞれ何枚にすればよいか。

アドバイス

はじめに，全体の枚数と姉の枚数を比べる。

姉の枚数をx枚とすると，

(全体の枚数)：(姉の枚数)＝8：5なので，$8:5=320:x$

$x=\frac{5\times320}{8}=200$(枚)，妹の枚数は，$320-200=120$(枚)

（姉　200枚　，妹　120枚　）

これが出る！ 定期テスト対策

1 次の方程式を解きなさい。

(1) $3-x=6$

$-x=6-3$

$-x=3$

($x=-3$)

(2) $-\dfrac{x}{3}=4$

($x=-12$)

(3) $-3x+19=7$

$-3x=7-19$

$-3x=-12$

($x=4$)

(4) $8x+5=3x-10$

$8x-3x=-10-5$

$5x=-15$

($x=-3$)

(5) $5-2x=4x-3$

$-2x-4x=-3-5$

$-6x=-8$

($x=\dfrac{4}{3}$)

(6) $6-2(x-2)=3x$

$6-2x+4=3x$

$-2x-3x=-6-4$

$-5x=-10$

($x=2$)

(7) $0.8x-0.4=1+1.5x$

$8x-4=10+15x$

$8x-15x=10+4$

$-7x=14$

($x=-2$)

(8) $0.6(5x-2)=2.4x+3$

$3x-1.2=2.4x+3$

$30x-12=24x+30$

$30x-24x=30+12$

$6x=42$

($x=7$)

(9) $\dfrac{x-5}{3}=\dfrac{x+3}{7}$

$7x-35=3x+9$

$7x-3x=9+35$

$4x=44$

($x=11$)

(10) $\dfrac{1}{2}+\dfrac{2}{3}x=\dfrac{3x+4}{6}$

$3+4x=3x+4$

$4x-3x=4-3$

($x=1$)

でる **2** 次の比例式で，xの値を求めなさい。

(1) $x:6=5:8$

$x\times8=6\times5$

$x=\dfrac{6\times5}{8}$

($x=\dfrac{15}{4}$)

(2) $(x-4):6=2:3$

$(x-4)\times3=6\times2$

$3x-12=12$

$3x=24$

($x=8$)

3 りんごを配るのに，1人4個ずつ配ると3個不足し，3個ずつ配ると2個余る。配った人数とりんごの数を求めなさい。

配った人数をx人とすると，

$4x-3=3x+2$

$4x-3x=2+3$

$x=5$(人)　　$4\times5-3=17$(個)

これは問題に適している。　　（　人数5人，りんご17個　）

4 卵を8個買おうとしたが，20円たりなかったので，6個にしたら10円余った。次の各問に答えなさい。

(1)　持っていた金額を求めなさい。

卵1個の値段をx円とすると，

$8x-20=6x+10$

$8x-6x=10+20$

$2x=30$

$x=15$(円)　　$8\times15-20=100$(円)

これは問題に適している。　　（　100円　）

(2)　卵を7個買うとすると，持っていた金額ではいくらたりないか，またはいくら余るか答えなさい。

卵1個の値段は15円なので，7個では，　　（　5円たりない　）

$15\times7=105$(円)

5 池のまわりに1周3kmの道がある。この道の同じ場所から，兄は時速4.2kmで，弟は時速3kmで同時にそれぞれ反対の方向へ歩き始めた。次の各問に答えなさい。

(1)　出発してからx時間で2人が歩いた道のりをそれぞれ答えなさい。

（　兄$4.2x$km，弟$3x$km　）

(2)　2人が最初に出会うのは，出発してから何分後か求めなさい。

2人が出会うとき，(兄の歩いた道のり)＋(弟の歩いた道のり)＝(道の1周の長さ)なので，

$4.2x+3x=3$　　$x=\frac{30}{72}=\frac{5}{12}$(時間)

$42x+30x=30$　　$\frac{5}{12}$時間$=\left(\frac{5}{12}\times60\right)$分$=25$(分)

$72x=30$

これは問題に適している。　　（　25分後　）

6 xについての方程式$2x+5a-6=3(a+4x)$の解が$x=-2$であるとき，aの値を求めなさい。

xに-2を代入すると，

$2\times(-2)+5a-6=3\{a+4\times(-2)\}$

$-4+5a-6=3(a-8)$

$5a-10=3a-24$

$5a-3a=-24+10$

$2a=-14$

$a=-7$

（　$a=-7$　）

7 みかんがAの箱には38個，Bの箱には10個入っている。Aの箱からBの箱にみかんを何個か移したら，Aの箱とBの箱のみかんの個数の比は3：5になった。移したみかんの個数を求めなさい。

みかんをx個移したとすると，Aの箱のみかんは$(38-x)$個，Bの箱のみかんは$(10+x)$個になるので，

$(38-x):(10+x)=3:5$

$(38-x)\times5=(10+x)\times3$

$190-5x=30+3x$

$-5x-3x=30-190$

$-8x=-160$

$x=20$

（　20個　）

この考え方も身につけよう

問　弟は8時に家を出て駅に向かった。弟の忘れ物に気づいた兄が，8時10分に家を出て自転車で弟を追いかけた。弟の歩く速さを分速50m，兄の自転車の速さを分速300mとして，次の各問に答えなさい。

(1)　兄が弟に追いつくのは8時何分か。

兄が家を出てx分後に追いつくとすると，

$50(10+x)=300x$

$500+50x=300x$

$50x-300x=-500$

$-250x=-500$

$x=2$

これは問題に適している。

（　8時12分　）

(2)　家から駅までの道のりが500mのとき，(1)で求めた時刻をそのまま答えとしてよいか。

兄が自転車で走った道のりは，

$300\times2=600$(m)で，500mをこえてしまう。

（　よくない　）

4章 数量の関係を調べて問題を解決しよう ——比例と反比例

1節 関数と比例・反比例

要点　❶ 関数　教 p.116～p.119

変数《へんすう》……いろいろな値をとる文字。x，yなどで表す。

yはxの関数《かんすう》である

２つの変数x，yがあり，**変数xの値を決めると，** それにともなって**変数yの値もただ１つ決まるとき，yはxの関数であるという。**

例 正三角形の１辺の長さを$x$cm，周の長さを$y$cmとすると，xの値を決めると，yの値はただ１つに決まるので，yはxの関数である。

変域《へんいき》…変数のとりうる値の範囲。不等号を使って表す。

重要例題

例題１ 100円のノートをx冊買うときの代金をy円とする。

(1)　右の表の空らんをうめなさい。

x	0	1	2	3	4	5
y	0	100	200	300	400	500

(2)　yをxの式で表すと，y=［ $100x$ ］となる。このとき，xの値を決めると，yの値はただ１つに［ 決まる ］ので，yはxの関数で［ ある ］。

例題２ 次の㋐～㋓のなかで，yがxの関数であるものはどれか。

㋐　10kmの道のりのうち，$x$km進むと，残りは$y$kmである。

㋑　数学のテストの得点がx点の人の英語のテストの得点はy点である。

㋒　縦の長さが$x$cmの長方形の周の長さは$y$cmである。

㋓　63円切手x枚と84円切手２枚の代金の合計はy円である。

〈解答〉　㋐，㋓

↑ xの値を決めると，yの値がただ１つに決まるものを選ぶ

要点 ❷ 比例と反比例 教 p.120〜p.121

比例《ひれい》を表す式

yがxの関数で，$\boldsymbol{y=ax}$の式で表されるとき，
$\boldsymbol{y}$は$\boldsymbol{x}$に比例するという。
一定の数やそれを表す文字を定数《ていすう》といい，比例の式のなかの定数aを**比例定数**という。

$x \neq 0$のとき，$\dfrac{y}{x}$の値は一定で，比例定数に等しい。

重要 例題

例題 1 空の水そうに水を入れ始めてから5分後に，底から25cmの深さまで水がたまっていた。水を入れ始めてからx分後の水の深さを$y$cmとして，下の表の空らんをうめなさい。

x	0	1	2	3	4	5	6	7
y	0	5	10	15	20	25	30	35

このとき，yはxの関数で，xとyの関係は［ $y=5x$ ］と表されるので，yはxに［ 比例する ］といえる。

例題 2 次の(1)，(2)について，yがxに比例することを示しなさい。また，その比例定数と比例定数が表している量を答えなさい。

(1) 1辺の長さが$x$cmの正三角形の周の長さは$y$cmである。

(2) 分速150mでx分自転車で走ったら，ym進んだ。

〈解答〉 (1) yをxの式で表すと，$y=$［ 3 ］x となり，yはxに比例する。

←**$\boldsymbol{y=ax}$の式で表されるとき，$\boldsymbol{y}$は$\boldsymbol{x}$に比例している**

比例定数は［ 3 ］で，正三角形の［ 辺の数 ］である。

(2) yをxの式で表すと，$y=$［ 150 ］xとなり，yはxに比例する。

比例定数は［ 150 ］で，自転車が［ 1分間 ］に進む道のりである。

要点

反《はん》比《ぴ》例《れい》を表す式

yがxの関数で，$\boldsymbol{y=\dfrac{a}{x}}$の式で表されるとき，

yはxに反比例するという。

反比例の式のなかの定数aを**比例定数**という。

★xとyの積xyは一定で，比例定数に等しい。

重要例題

例題1 空の水そうに水を1分間に$x$cmずつ入れると，満水の深さ40cmになるまでにy分間かかります。このとき，下の表の空らんをうめなさい。

x	…	1	2	4	5	8	10	…
y	…	40	20	10	8	5	4	…

このとき，yはxの関数で，xとyの関係は$xy=$ 40 と表される。

yをxの式で表すと， $y=\dfrac{40}{x}$ となり，yはxに 反比例する といえる。

例題2 次の(1)，(2)について，yがxに反比例することを示しなさい。また，その比例定数と比例定数が表している量を答えなさい。

(1) 800mを分速xmで走るのにy分かかる。

(2) 面積が24cm^{2}の長方形の横を$x$cmとすると，縦は$y$cmになる。

〈解答〉 (1) yをxの式で表すと，$y=$ $\dfrac{800}{x}$ となり，yはxに反比例する。

比例定数は 800 で，走る 道のり である。

(2) yをxの式で表すと，$y=$ $\dfrac{24}{x}$ となり，yはxに反比例する。

比例定数は 24 で，長方形の 面積 である。

用語・公式 check!

□x，yなどで表される，いろいろな値をとる文字を何というか。	変数
□2つの変数x，yがあり，変数xの値を決めると，それにともなって変数yの値もただ1つ決まるとき，yはxの［　　］であるという。	関数
□変数のとりうる値の範囲を何というか。	変域
□変数xが2以上4未満の範囲の値をとるとき，xの変域を不等号を使って表しなさい。	$2 \leqq x < 4$
□yがxに比例しているとき，aを比例定数とすると，xとyの関係はどのような式で表されるか。	$y=ax$
□一定の数やそれを表す文字を何というか。	定数
□yがxに比例するとき，xの値が2倍になると，yの値は［　　］倍になる。	2
□yがxに比例し，$x \fallingdotseq 0$のとき，$\frac{y}{x}$の値は一定で，［　　］に等しい。	比例定数
□$y=x$という式で，比例定数は［　　］である。	1
□$y=2\pi x$という式で，比例定数は［　　］である。	2π
□yがxに反比例しているとき，aを比例定数とすると，xとyの関係はどのような式で表されるか。	$y=\frac{a}{x}$
□yがxに反比例するとき，xの値が2倍になると，yの値は［　　］倍になる。	$\frac{1}{2}$
□yがxに反比例するとき，xとyの積xyは一定で，［　　］に等しい。	比例定数
□$y=\frac{100}{x}$という式で，比例定数は［　　］である。	100
□$y=\frac{2}{x}$という式で，比例定数は［　　］である。	2

節末練習・問題　教 p.122

〔関数〕

1　次の㋐，㋑のうち，yがxの関数であるものはどれですか。

㋐　1辺が$x$cmのひし形の周の長さは$y$cmである。

㋑　年齢がx才の人の身長は$y$cmである。

㋐　ひし形の4つの辺の長さは等しいので，$y=4x$　　（　㋐　）

2　底辺が10cm，高さが$x$cmの三角形の面積を$y\text{cm}^2$とするとき，次の問に答えなさい。

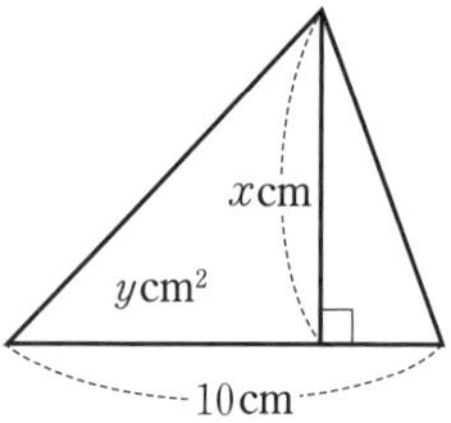

(1)　yをxの式で表しなさい。

（　$y=5x$　）

(2)　yはxの関数であるといえますか。

（　いえる　）

〔比例と反比例〕

3　時速12kmの自転車でx時間走ると，$y$km進むとする。このとき，yはxに比例することを示しなさい。また，その比例定数と比例定数が表している量を答えなさい。

yをxの式で表すと，（　$y=12x$　）となり，yはxに（　比例する　）。

比例定数は（　12　）で，（　自転車の時速　）である。

4　面積が36cm^2の平行四辺形の底辺を$x$cm，高さを$y$cmとするとき，yはxに反比例することを示しなさい。また，その比例定数と比例定数が表している量を答えなさい。

yをxの式で表すと，（　$y=\dfrac{36}{x}$　）となり，yはxに（　反比例する　）。

比例定数は（　36　）で，（　平行四辺形の面積　）である。

2 節　比例の性質と調べ方

要点

❶ 比例の表と式　教 p.124~p.125

xの変域を負の数にひろげる〔例：$y=4x$〕

x	…	-2	-1	0	1	2	…
y	…	-8	-4	0	4	8	…

比例定数が負の数の場合〔例：$y=-6x$〕

x	…	-2	-1	0	1	2	…
y	…	12	6	0	-6	-12	…

比例$y=ax$では，xの変域を負の数にひろげても，比例定数が負の数の場合でも，正の数の場合と同じ性質が成り立つ。

比例の性質

yがxに比例するとき，xの値が2倍，3倍，4倍，…になると，yの値も2倍，3倍，4倍，…になる。

注 yがxに比例し，$x \neq 0$のとき，$\frac{y}{x}$の値は一定で比例定数aに等しいので，$\frac{y}{x}=a$　このことから，比例の式を求めることもできる。

重要例題

例題1 yはxに比例し，$x=2$のとき$y=-4$である。

(1) 比例の式を求めなさい。

(2) $x=-6$のときのyの値を求めなさい。

〈解答〉 (1) 比例定数をaとすると，$y=\boxed{ax}$と書くことができる。

$x=2$のとき，$y=-4$であるから，$-4=\boxed{a\times 2}$，$a=\boxed{-2}$

したがって，求める式は　$y=\boxed{-2x}$

(2) (1)で求めた式のxに-6を代入すると，$y=\boxed{12}$

要点 ❷ 比例のグラフ 教 p.126〜p.131

x 軸《じく》…横の数直線

y 軸…縦の数直線

座標《ざひょう》軸…x軸とy軸

原点《げんてん》…座標軸の交点O《オー》

点Pの座標

P(−3 , 5)

x座標 ← −3　5 → y座標

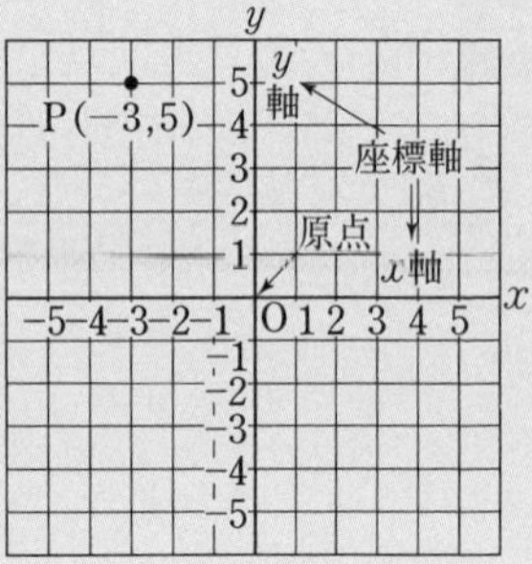

絶対暗記

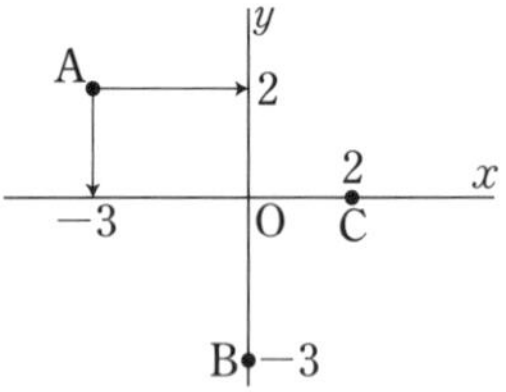

→ A(−3, 2)
B(0, −3)
C(2, 0)

・**x 軸上の点→つねに，y 座標が 0**

・**y 軸上の点→つねに，x 座標が 0**

★・x軸の正の方向 → 右向き

・y軸の正の方向 → 上向き

重要 例題

例題 1 右の図で，点Q，R，S，T，U，Vの座標をいいなさい。

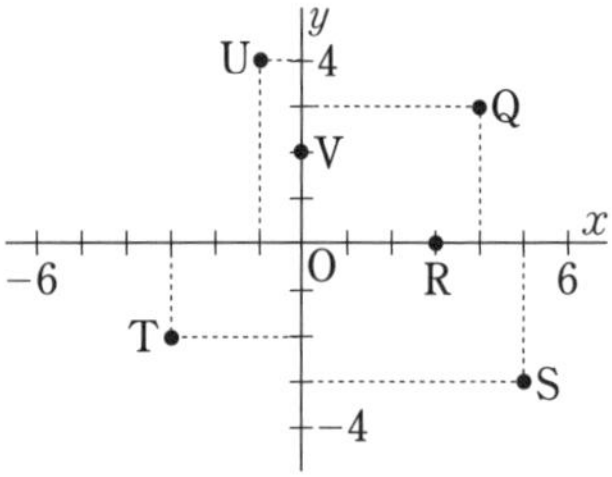

〈解答〉 左にx座標，右にy座標を書く。

Q(4, 3)，R(3, 0)，S(5, −3)，

T(−3, −2)，U(−1, 4)，V(0, 2)

要点

$y=ax$ のグラフは，原点を通る直線である。

y=axのグラフはxが1増えるとyはa増えるよ。

① $a>0$ のとき　　② $a<0$ のとき

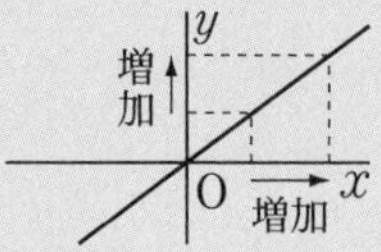

右上がりのグラフ

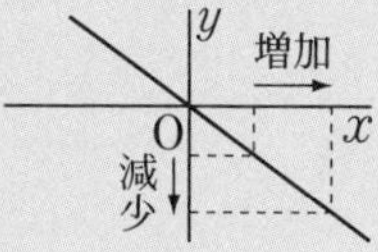

右下がりのグラフ

絶対暗記！

$y=ax$ のグラフ $\begin{cases} a>0 \text{ のとき，} x \text{が増加すると} y \text{も増加} \\ a<0 \text{ のとき，} x \text{が増加すると} y \text{は減少} \end{cases}$

重要！例題

例題1 $y=\frac{1}{2}x$ について，x のそれぞれの値に対応する y の値を求め，下の表の空らんをうめなさい。また，グラフをかきなさい。

x	-4	-3	-2	-1	0	1	2	3	4
y	-2	$-\frac{3}{2}$	-1	$-\frac{1}{2}$	0	$\frac{1}{2}$	1	$\frac{3}{2}$	2

A　　B　　C　　D　　E

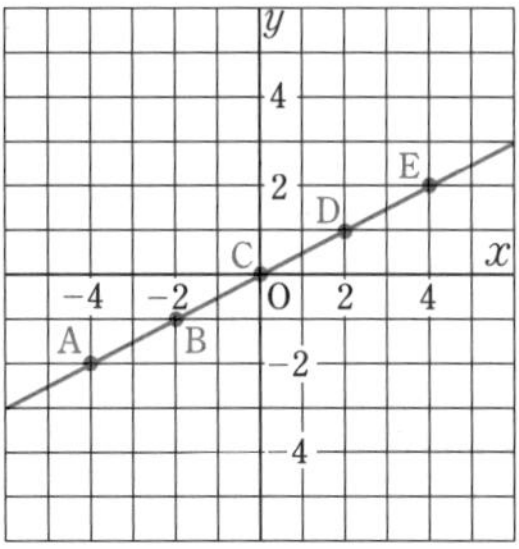

例題2 次の比例のグラフをかきなさい。

①　$y=\frac{3}{2}x$　　②　$y=-x$

$y=\frac{3}{2}x$ は，原点と(2，3)を通るので，その2点を結ぶ。

$y=-x$ は，原点と(1，−1)を結ぶ。

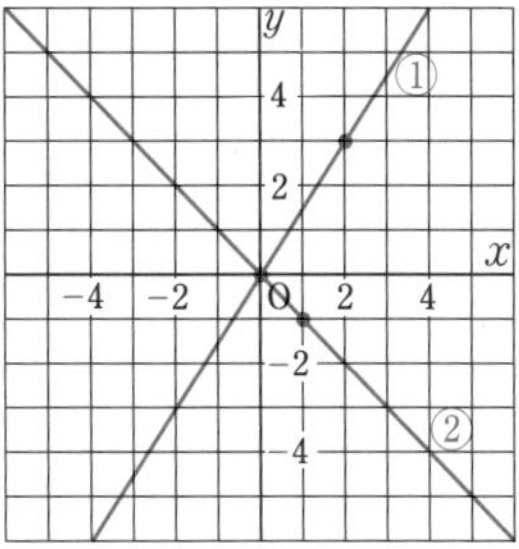

要点 ❸ 比例の表，式，グラフ　教 p.132〜p.133

グラフから比例の式を求める

1. グラフが通る点のうち，x座標，y座標がともに整数である点の座標をグラフから読みとる。
2. 読みとった点のx座標，y座標を $y=ax$ のx，yに代入し，比例定数aの値を求める。

重要例題

例題1 右の図のグラフは，比例のグラフである。比例の式を求めなさい。

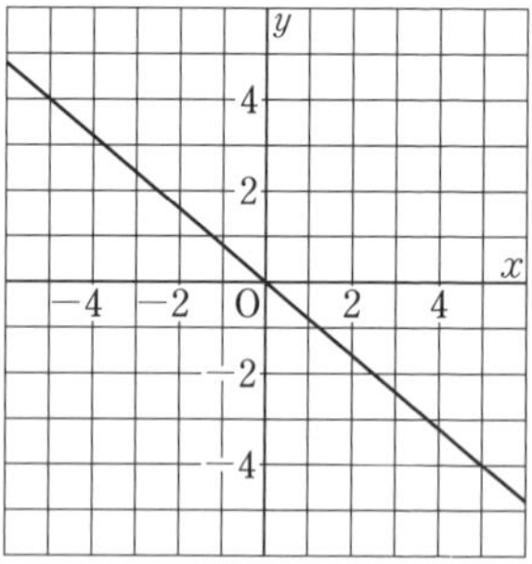

〈解答〉　このグラフは，(5, [-4])を通るので，$y=$[ax]の式にx，yの値を代入して，[-4]$=$[$5a$]

$a=$[$-\dfrac{4}{5}$]

よって，$y=$[$-\dfrac{4}{5}x$]

例題2 右の図の①，②は，比例のグラフである。それぞれについて，比例の式を求めなさい。

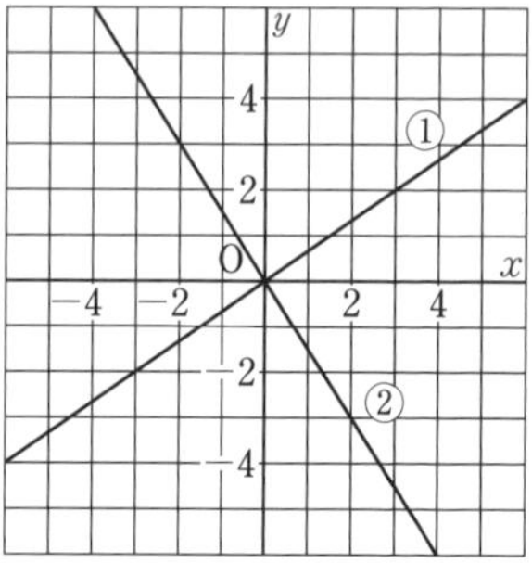

① (3, 2)を通るので

$2=3a$，$a=\dfrac{2}{3}$　よって，$y=\dfrac{2}{3}x$

② (2, −3)を通るので

$-3=2a$，$a=-\dfrac{3}{2}$　よって，$y=-\dfrac{3}{2}x$

①　$y=\dfrac{2}{3}x$　　②　$y=-\dfrac{3}{2}x$

用語・公式 check!

□比例$y=ax$では，xの変数や比例定数を負の数にひろげても，xの値が2倍，3倍，4倍，…になると，それに対応するyの値も□になる。	2倍，3倍，4倍，…
□$y=-5x$で，$x=2$のときのyの値を求めなさい。	-10
□$y=-5x$で，$x=-3$のときのyの値を求めなさい。	15
□yがxに比例し，$x \neq 0$のとき，比例定数をaとすると，□$=a$となる。	$\frac{y}{x}$
□yはxに比例し，$x=1$のとき$y=-2$である。比例の式を求めなさい。	$y=-2x$
□yはxに比例し，$x=4$のとき$y=16$である。比例の式を求めなさい。	$y=4x$
□yはxに比例し，$x=-9$のとき$y=3$である。比例の式を求めなさい。	$y=-\frac{1}{3}x$
□yはxに比例し，$x=-8$のとき$y=-14$である，比例の式を求めなさい。	$y=\frac{7}{4}x$
□横の数直線を何軸というか。	x軸
□縦の数直線を何軸というか。	y軸
□x軸とy軸を合わせて何というか。	座標軸
□$y=-3x$のグラフは，点(0，[①])と点(1，[②])を通る直線である。	①0　②-3
□比例のグラフが必ず通る点はどこか。	原点
□$y=ax$のグラフで，$a>0$のときは，グラフは□上がりである。	右
□$y=ax$のグラフで，$a<0$のときは，グラフは□下がりである。	右

節末練習・問題　教 p.134

〔比例の性質，比例の式〕

1　次の問に答えなさい。

(1)　比例$y=-\frac{2}{5}x$のxの値が2倍，3倍，4倍，…になると，それに対応するyの値は□。□に入ることばを書きなさい。

（　2倍，3倍，4倍，…になる　）

(2)　yはxに比例し，$x=-3$のとき$y=12$である。このとき，比例の式を求めなさい。また，$x=-5$のときのyの値を求めなさい。

比例の式（　$y=-4x$　）　yの値（　20　）

〔座標〕

2　次の問に答えなさい。

(1)　右の図の点Aの座標をいいなさい。

A(　−3，3　)

(2)　次の点を，右の図に示しなさい。

B(−2，−3)

C(　5，−1)

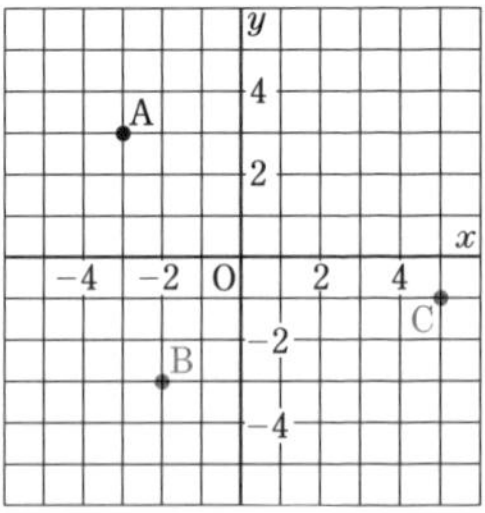

〔比例のグラフ〕

でる **3**　次の問に答えなさい。

(1)　$y=-\frac{1}{2}x$のグラフをかきなさい。

(2)　右の図のグラフは，比例のグラフである。yをxの式で表しなさい。

（　$y=-2x$　）

$y=ax$の式にx，yの値を代入し，aを求める

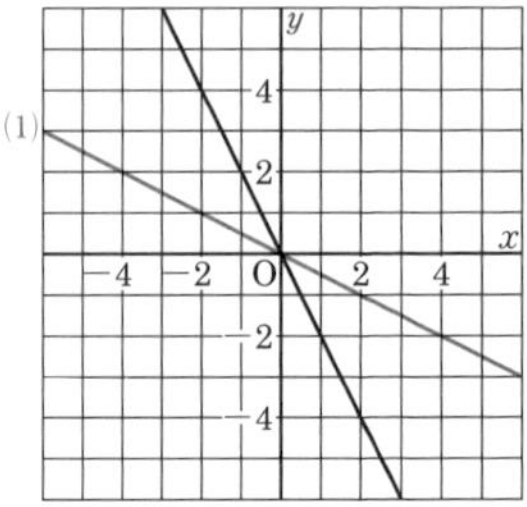

3 節　反比例の性質と調べ方

要点　❶ 反比例の表と式　教 p.136〜p.137

xの変域を負の数にひろげる〔例：$y=\dfrac{12}{x}$〕

x	…	-3	-2	-1	0	1	2	3	…
y	…	-4	-6	-12	×	12	6	4	…

比例定数が負の数の場合〔例：$y=-\dfrac{36}{x}$〕

x	…	-3	-2	-1	0	1	2	3	…
y	…	12	18	36	×	-36	-18	-12	…

反比例$y=\dfrac{a}{x}$では，xの変域を負の数にひろげても，比例定数が負の数の場合でも，正の数の場合と同じ性質が成り立つ。

反比例の性質

yがxに反比例するとき，xの値が2倍，3倍，4倍，…になると，yの値は$\dfrac{1}{2}$倍，$\dfrac{1}{3}$倍，$\dfrac{1}{4}$倍，…になる。

注 yはxに反比例するとき，xとyの積は比例定数aに等しい。$xy=a$

重要例題

例題1 yはxに反比例し，$x=-5$のとき$y=-2$である。このとき，反比例の式を求めなさい。

〈解答〉 比例定数をaとすると，$y=\boxed{\dfrac{a}{x}}$と書くことができる。

$x=-5$のとき$y=-2$であるから，$-2=\boxed{\dfrac{a}{-5}}$　←$a=xy$だから，$a=(-5)\times(-2)$ $=10$　と求めることもできる

$a=\boxed{10}$。したがって，求める式は　$y=\boxed{\dfrac{10}{x}}$

要点 ❷ 反比例のグラフ
教 p.138～p.141

$\boldsymbol{y}=\dfrac{\boldsymbol{a}}{\boldsymbol{x}}$のグラフは，次のような**曲線**になる。

1 $a>0$ のとき

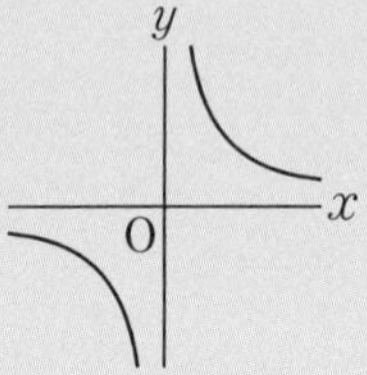

2 $a<0$ のとき

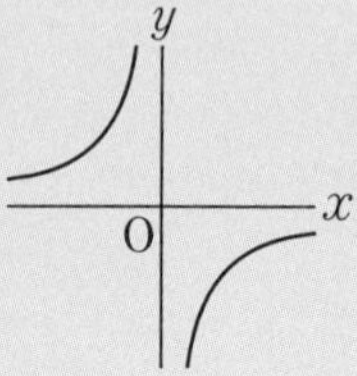

反比例のグラフは，**双曲線**《そうきょくせん》である。

注 反比例の関係では，$x=0$のときは考えない。

重要例題

例題 1 $y=\dfrac{6}{x}$のグラフをかきなさい。

〈解答〉

$y=\dfrac{6}{x}$について，

x	…	-6	-3	-2	-1	0	1	2	3	6	…
y	…	-1	-2	-3	-6	×	6	3	2	1	…
		↓ A	↓ B	↓ C	↓ D		↓ E	↓ F	↓ G	↓ H	

右の表をうめ，

表のx，yの値の組を座標とする点Aから点Hをとると，右の図のようになる。その点をなめらかに結んでいくと，反比例のグラフができる。

↑
反比例のグラフはなめらかな曲線である。だから点と点を直線で結んでグラフをかいてはいけない。また，グラフがx軸やy軸と交わらないように注意する。

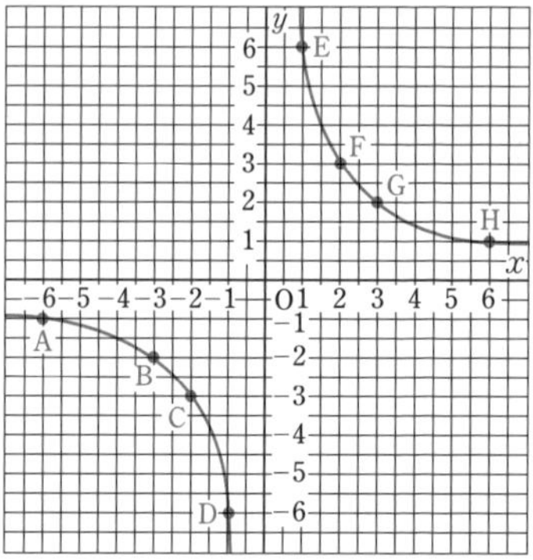

要点 ❸ 反比例の表，式，グラフ 教 p.142〜p.143

教 p.142〜p.143

反比例の式を求める

グラフから反比例の式を求める

1 グラフが通る点のうち，x座標，y座標がともに整数である点の座標をグラフから読みとる。

2 読みとった点のx座標，y座標を$y=\dfrac{a}{x}$のx，yに代入し，比例定数aの値を求める。

重要 例題

例題 1 右の図のグラフは，反比例のグラフである。反比例の式を求めなさい。

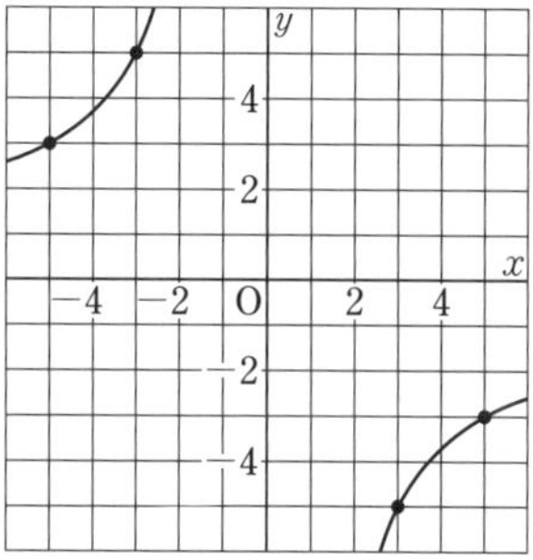

〈解答〉 このグラフは，(3, [-5])を通るので，$y=$[$\dfrac{a}{x}$]の式に，x，yの値を代入して，[-5]$=\dfrac{a}{3}$，$a=$[-15]

よって，$y=$[$-\dfrac{15}{x}$]

$a=xy$だから，$a=3\times(-5)=-15$と求めることもできる

例題 2 水そうに毎分aLずつ水を入れるとき，b分間でcLたまるとすると，$c=ab$という式が成り立つ。

(1) bの値を15に決めたときの，cとaの関係をいいなさい。

$c=15a$となるから，cはaに比例する　　(比例)

(2) cの値を10に決めたときの，aとbの関係をいいなさい。

$10=ab$，$b=\dfrac{10}{a}$となるから，bはaに反比例する　　(反比例)

用語・公式 check!

□反比例$y=\dfrac{a}{x}$では，xの変数や比例定数を ① にひろげても，xの値が2倍，3倍，4倍，…になると，それに対応するyの値は ② になる。	①負の数 ②$\dfrac{1}{2}$倍，$\dfrac{1}{3}$倍，$\dfrac{1}{4}$倍，…
□$y=\dfrac{24}{x}$で，$x=-6$のときのyの値を求めなさい。	-4
□$y=\dfrac{4}{x}$で，$x=3$のときのyの値を求めなさい。	$\dfrac{4}{3}$
□$y=-\dfrac{9}{x}$で，$x=-6$のときのyの値を求めなさい。	$\dfrac{3}{2}$
□yがxに反比例するとき，aを比例定数とすると，□$=a$となる。	xy
□yはxに反比例し，$x=1$のとき$y=-1$である。反比例の式を求めなさい。	$y=-\dfrac{1}{x}$
□yはxに反比例し，$x=2$のとき$y=3$である。反比例の式を求めなさい。	$y=\dfrac{6}{x}$
□yはxに反比例し，$x=-4$のとき$y=-5$である。反比例の式を求めなさい。	$y=\dfrac{20}{x}$
□$y=\dfrac{a}{x}$のグラフは□とよばれる曲線になる。	双曲線
□$y=\dfrac{a}{x}$のグラフは，xの値が0に近づくと，□軸に近づく。	y
□$y=\dfrac{a}{x}$のグラフは，xの値が-10，-100，-1000，…と小さくなっていくと□軸に近づく。	x
□$y=\dfrac{a}{x}$のグラフは□と交わることはない。	x軸，y軸（座標軸）

節末練習・問題

教 p.143

〔反比例の式〕

でる **1** 次の問に答えなさい。

(1) yはxに反比例し，$x=2$のとき$y=-6$である。

① yをxの式で表しなさい。

$y=\frac{a}{x}$で，$-6=\frac{a}{2}$　$a=-12$

(別解)$a=2\times(-6)=-12$

（ $y=-\frac{12}{x}$ ）

② $x=3$のときのyの値を求めなさい。

（ -4 ）

(2) yはxに反比例し，$x=-5$のとき$y=6$である。

① yをxの式で表しなさい。

$y=\frac{a}{x}$で，$6=\frac{a}{-5}$　$a=-30$

(別解)$a=(-5)\times6=-30$

（ $y=-\frac{30}{x}$ ）

② $x=-15$のときのyの値を求めなさい。

（ 2 ）

〔反比例のグラフ〕

2 $y=\frac{18}{x}$…①

$y=-\frac{12}{x}$…②

のグラフをかきなさい。

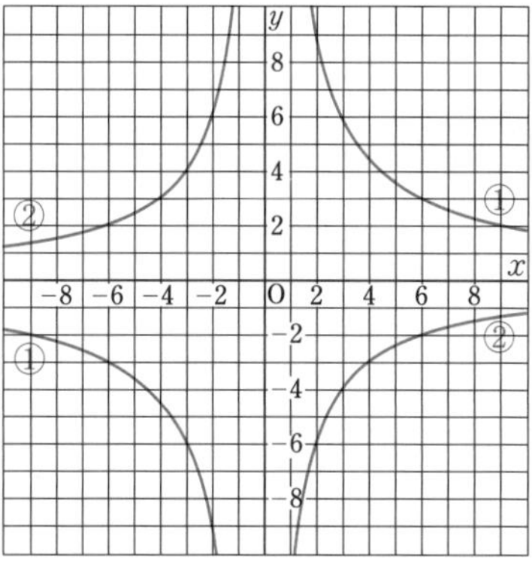

4 節　比例と反比例の利用

要点

❶ 比例と反比例の利用　教 p.147〜p.149

比例や反比例の関係やグラフを利用して，問題を解くことができる。

重要 例題

例題 1　ギアが 2 段階変えられる自転車がある。前のギアと後ろのギアの歯数は

前　36　　　後ろ　A…18，B…20

である。ペダルを 1 回転させると，前のギアが 1 回転する。ペダルを 1 回転させるとき，後ろのギアAは何回転するか。また，ギアBは何回転するか。

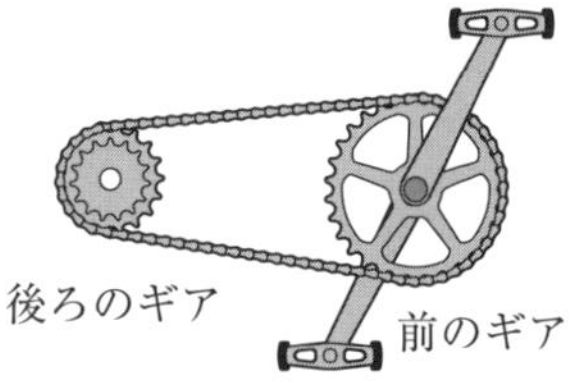

〈解答〉　ペダルを 1 回転させると，前のギアの歯は36個分動く。このとき，後ろのギアの歯も36個分動く。歯が36個分動いたとき，ギアAは

$36\div$ [18] $=$ [2] (回転)する。また，ギアBは [$36\div20=\frac{9}{5}$] (回転)する。このとき，後ろのギアの歯数と後ろのギアの回転数の間には [反比例] の関係がある。←後ろのギアの歯数を x，回転数を y とすると $y=\frac{36}{x}$ と表せる

例題 2　右のグラフは，兄と妹が家を出発し，家から600 m はなれた学校に行くようすを表したものである。

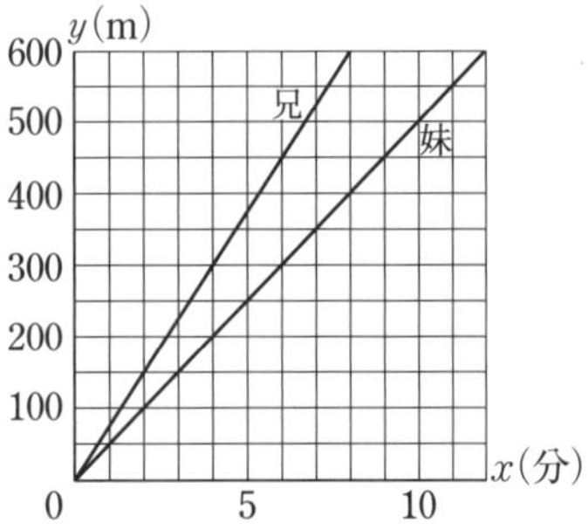

(1)　家を出発してから 2 分後には，2 人は [50] m はなれている。

(2)　兄が学校についたとき，妹は学校まであと [200] m のところにいる。

これが出る！ 定期テスト対策

でる **1**　次の比例のグラフを右の図にかきなさい。

(1)　$y=2x$

(2)　$y=-2x$

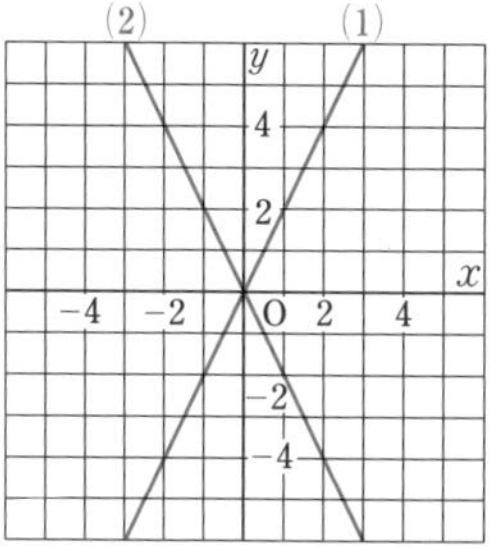

2　くぎの重さは，本数にほぼ比例するので，同じ種類のくぎがたくさんあるとき，重さをはかって何本あるかを調べることができる。

同じくぎ15本の重さをはかったら，27gだった。このくぎx本の重さをygとする。

(1)　yをxの式で表しなさい。

$x=15$のとき，$y=27$であるから，$y=ax$で，

$27=15a$，$a=\frac{27}{15}=\frac{9}{5}$

（　$y=\frac{9}{5}x$　）

(2)　全部のくぎの重さは720gあった。くぎは何本あると考えられるか。

$720=\frac{9}{5}x$　$x=720\times\frac{5}{9}=80\times5=400$

（　**400本**　）

でる **3**　$y=-\frac{6}{x}$のグラフを右の図にかきなさい。

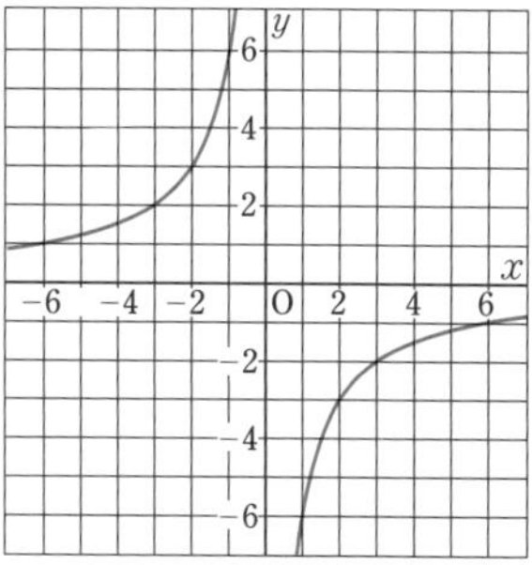

4　面積が$12\,\mathrm{cm}^2$の三角形の底辺を$x$cm，高さを$y$cmとする。

(1)　yをxの式で表しなさい。

$\frac{1}{2}\times x\times y=12$　より　$y=\frac{24}{x}$　　（　$y=\frac{24}{x}$　）

(2)　このときの比例定数を答えなさい。　　（　24　）

でる **5**　x，yの関係で，$x=2$のとき，$y=-4$である。次の(1)，(2)のそれぞれの場合について，yをxの式で表しなさい。

(1)　yがxに比例するとき

$y=ax$で，$-4=a\times 2$，$a=-2$　　（　$y=-2x$　）

(2)　yがxに反比例するとき

$y=\frac{a}{x}$で，$-4=\frac{a}{2}$，$a=-8$　$(a=2\times(-4)=-8)$　　（　$y=-\frac{8}{x}$　）

6　針金の代金は重さに比例し，長さにも比例する。6 mの重さが240 gで，100 gあたりの値段が120円の針金がある。

(1)　この針金240 gの代金を求めなさい。

100gが120円なので，240gでは　$120\times(240\div 100)=288$　　（　288円　）

(2)　この針金xmの代金をy円として，yをxの式で表しなさい。

6m→240g→288円なので　$y=ax$で，$288=6a$，$a=48$　　（　$y=48x$　）

(3)　7200円では，この針金を何m買うことができるか。

$7200=48x$より　$x=150$　　（　150m　）

7　右の図で，①は$y=ax$，②は$y=\frac{b}{x}$のグラフで，①，②は点Pで交わっている。①のグラフ上の点Aの座標が(4，−4)，Pのx座標が2のとき，a，bの値を求めなさい。

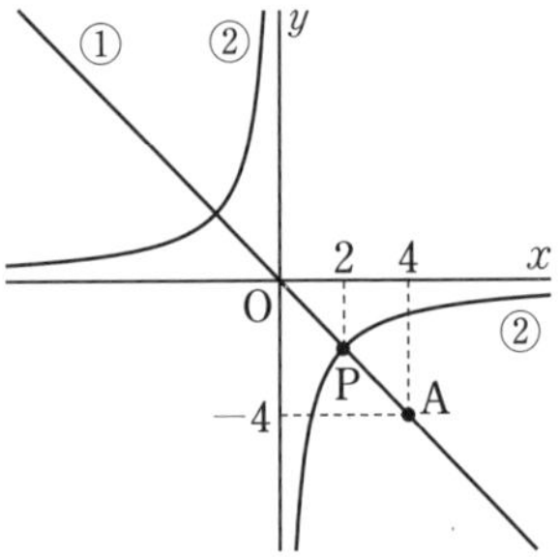

A(4，−4)が$y=ax$上の点なので，$-4=4a$より，$a=-1$，①は$y=-x$。Pも①上の点なので，座標は(2，−2)。またPは②上の点でもあるので，$-2=\frac{b}{2}$より　$b=-4$

（　$a=-1$，$b=-4$　）

8 点Pは，右の図のような長方形ABCDの辺BC上を，BからCまで動く。BPの長さを$x$cm，三角形ABPの面積を$y$cm^{2}とする。

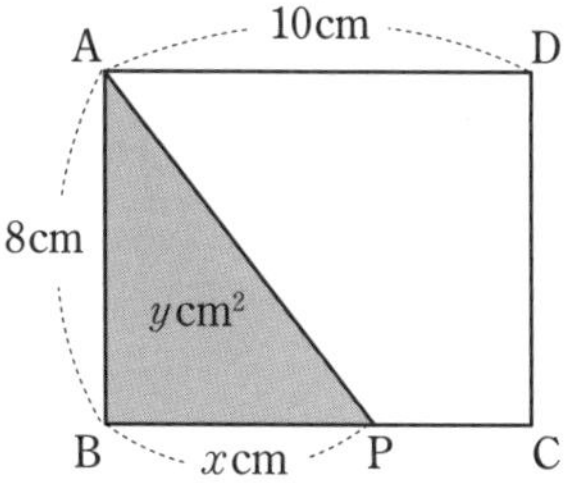

(1) yをxの式で表しなさい。

$y=\frac{1}{2}\times$(底辺)$\times$(高さ)$=\frac{1}{2}\times x\times 8$

($y=4x$)

(2) (1)のグラフを右の図にかきなさい。

xの変域は，$0\leqq x\leqq 10$

原点と点(10, 40)を直線で結ぶ

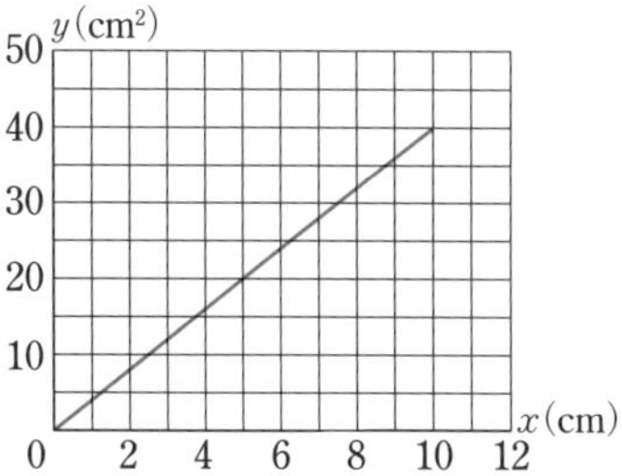

この考え方も身につけよう

比例のグラフのかき方

$y=\triangle x$のグラフでは，xが1増加すると，

yは△増加する。

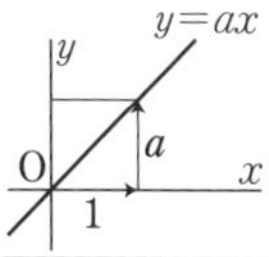

・$y=-\triangle x$では→xが1増加するとyは$-\triangle$増加（△減少）

・$y=\frac{\triangle}{\square}x$では→$x$が□増加すると$y$は△増加

（xが1増加するとき，yは$\frac{\triangle}{\square}$増加，$x$が□増加では，$y$は$\frac{\triangle}{\square}\times\square=\triangle$増加）

・$y=-\frac{\triangle}{\square}x$では→$x$が□増加すると$y$は$-\triangle$増加（△減少）

この考えを利用してグラフをかくと，

①$y=2x$

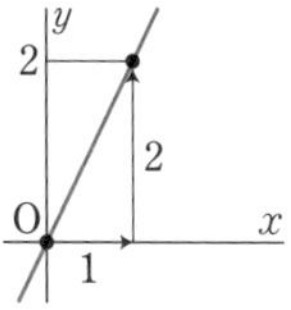

②$y=-2x$

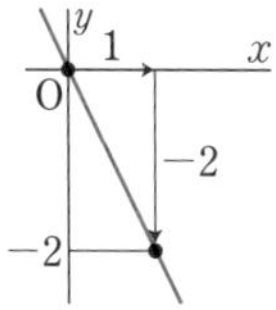

③$y=\frac{2}{3}x$

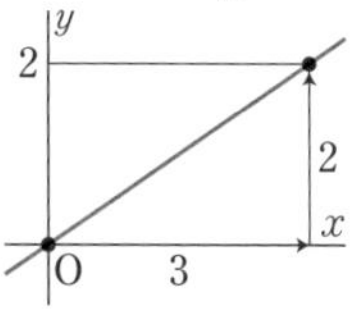

④$y=-\frac{2}{3}x$

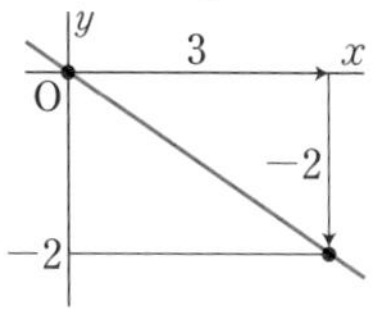

5章 平面図形の見方をひろげよう
——平面図形

1節 図形の移動

要点

❶ 図形の移動 教 p.156~p.163

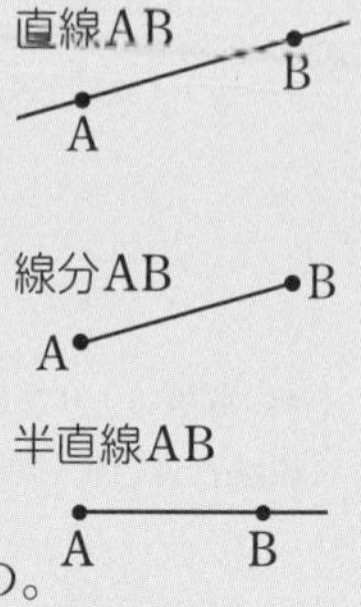

直線 AB……2点A，Bを通る直線。
ふつう，直線といえば，両方にかぎりなくのびているものと考える。

線分《せんぶん》 AB……直線ABのうち，
AからBまでの部分。

半直線《はんちょくせん》 AB……線分ABをBのほうへまっすぐかぎりなくのばしたもの。

△ABC……三角形ABCの記号を使った表し方。

AB＝AC……線分ABと線分ACの長さが等しいことを表す。

AB∥CD……2直線AB, CDが平行であることを表す。

2点A，Bを結ぶ線のうち,もっとも短いものが線分ABだよ。線分ABの長さを，2点A，B間の距離《きょり》というよ。

注 平行な2直線を平行線という。
2直線が平行であることを，平行線に＞の印をつけて表すことがある。

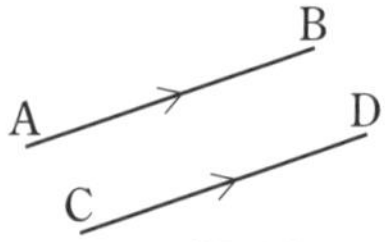

AB∥CD

重要例題

例題1 右の図で，①を 線分AB ，←AからBまでの部分
②を 半直線CB ，←CからBのほうにかぎりなくのびている
③を 直線AC という。
また，①と④が平行なことを AB∥CD と表し，
①と④の長さが等しいことを AB＝CD と表す。

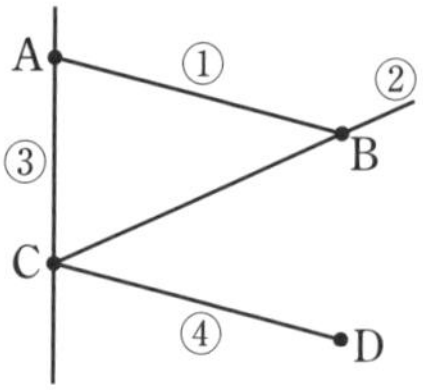

要点

平行《へいこう》移動

図形を，一定の方向に，一定の距離だけ動かす移動を**平行移動**という。

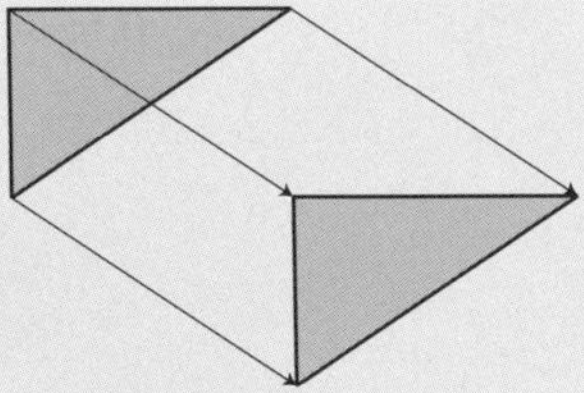

★平行移動では，対応する点を結ぶ線分は平行で，その長さは等しい。

重要例題

例題 1 右の図の△A′B′C′は，△ABCを平行移動させたものである。このとき，線分AA′，線分BB′，線分CC′の関係は，

AA′ // BB′ // CC′	←線分AA′，BB′，CC′は平行
AA′＝BB′＝CC′	←線分AA′，BB′，CC′の長さは等しい

となる。

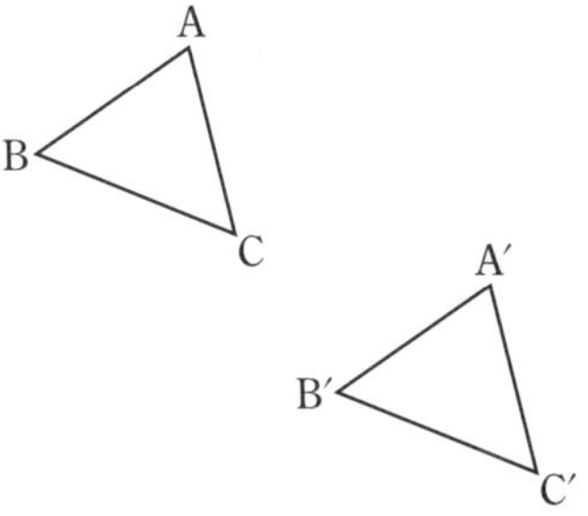

例題 2 △ABCを，矢印の方向に矢印の長さだけ平行移動させてできる△A′B′C′をかきなさい。

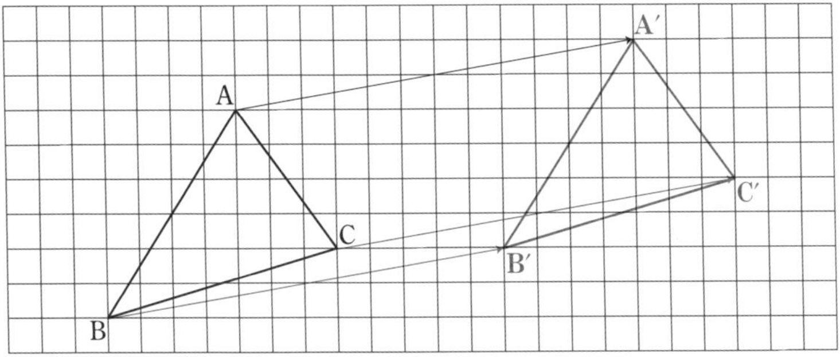

要点

回転移動

図形を，ある点を中心として，一定の角度だけ回転させる移動を**回転移動**といい，中心とする点を**回転の中心**という。

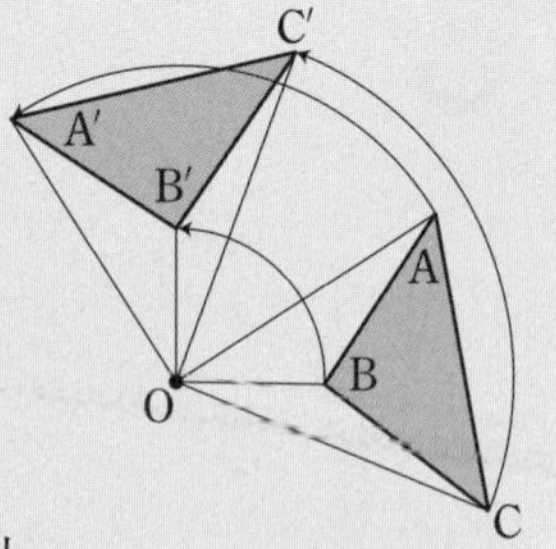

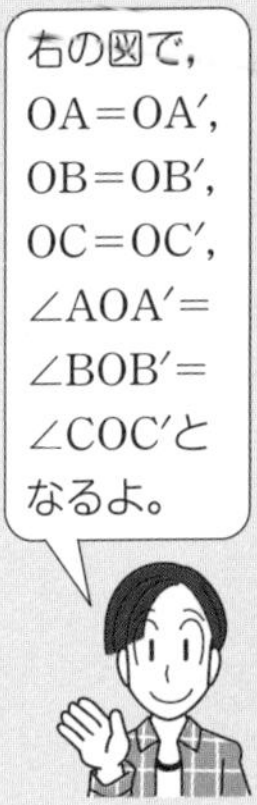

∠AOB……１つの点Oから出る半直線OA，OBによってできる角。記号∠を使って表し，角AOBと読む。

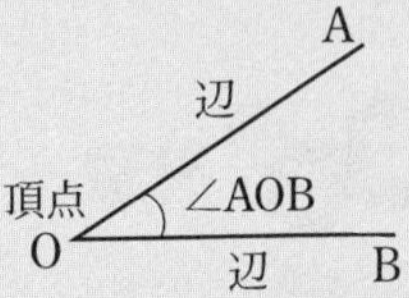

∠AOB＝∠COD……∠AOBと∠CODの大きさが等しいことを表す。

★回転移動では，対応する点は，回転の中心から等しい距離にあり，対応する点と回転の中心を結んでできる角の大きさはすべて等しい。

★図形を180°だけ回転移動させることを，**点対称移動**という。

重要！例題

例題１ △ABCを，点Oを中心として反時計回りに90°だけ回転移動させた△A′B′C′をかきなさい。

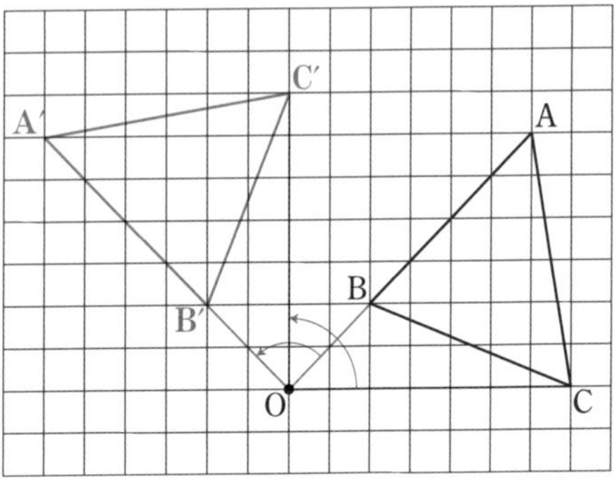

OA，OB，OCを90°回転させ，A′，B′，C′をとり，A′，B′，C′を結ぶ。

要点

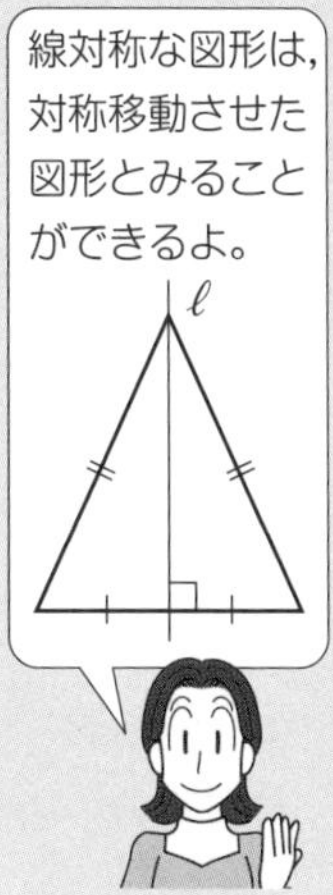

対称《たいしょう》移動

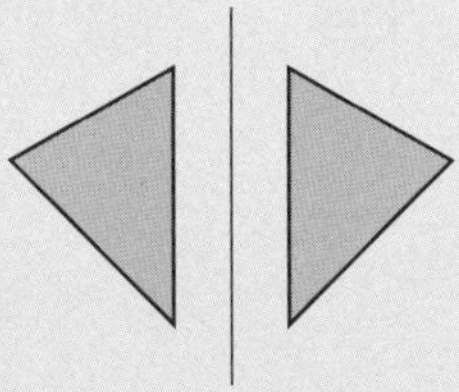

図形を，ある直線を折り目として折り返す移動を**対称移動**といい，折り目の直線を**対称の軸《じく》**という。

垂線《すいせん》……２直線が垂直であるとき，一方の直線を他方の直線の垂線という。

AB⊥ℓ……線分ABと直線ℓが垂直であることを表す。

中点《ちゅうてん》……線分を２等分する点。

垂直二等分線

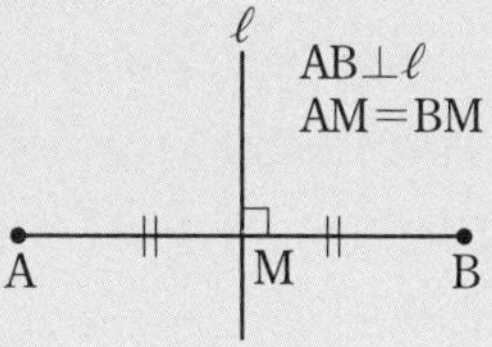

線分の中点を通り，その線分に垂直な直線を，その線分の**垂直二等分線**という。

★対称移動では，対応する点を結ぶ線分は，対称の軸によって垂直に２等分される。

★図形を移動させて別の図形に重ねることができるとき，２つの図形は**合同である**という。

重要！例題

例題１ △ABCを直線ℓを対称の軸として対称移動させた図形をかきなさい。

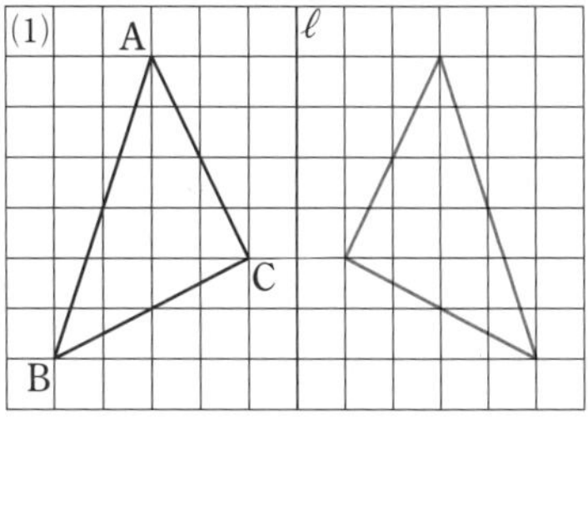

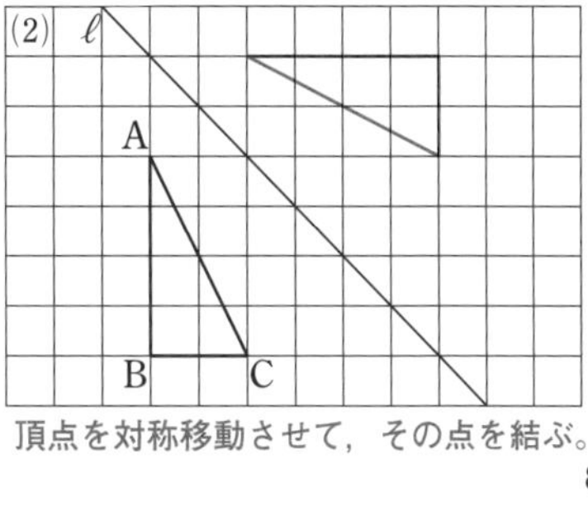

頂点を対称移動させて，その点を結ぶ。

用語・公式 check!

□①を[　　]ABという。　① 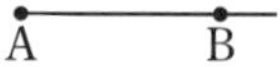	半直線
□②を[　　]ABという。　② 	直線
□③を[　　]ABという。　③ 	線分
□線分ABと線分CDの長さが等しいことを記号を使って表しなさい。	AB=CD
□直線ABと直線CDが平行であることを記号を使って表しなさい。	AB//CD
□図形を一定の方向に一定の距離だけ動かす移動を[　　]移動という。	平行
□図形をある点を中心として一定の角度だけ回転させる移動を[①]という。中心とする点を[②]という。	①回転移動 ②回転の中心
□右の図の角を記号を使って表しなさい。 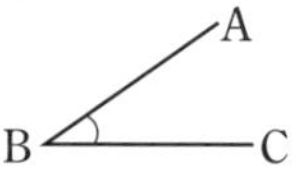	∠ABC (または∠CBA)
□図形をある直線を折り目として折り返す移動を[①]という。このとき，折り目の直線を[②]という。	①対称移動 ②対称の軸
□2直線が垂直であるとき，一方の直線を他方の直線の[　　]という。	垂線
□線分ABと線分CDが垂直であることを記号を使って表しなさい。	AB⊥CD
□線分を2等分する点を，その線分の[　　]という。	中点
□線分の中点を通り，その線分に垂直な直線を，その線分の[　　]という。	垂直二等分線
□対称移動では，対応する点を結ぶ線分は，対称の軸によって[　　]に2等分される。	垂直
□図形を移動させて別の図形に重ねることができるとき，2つの図形は[　　]であるという。	合同

節末練習問題 教 p.164

〔図形の移動〕

でる **1** 右の図の合同な三角形㋐～㋔について，次の問に答えなさい。

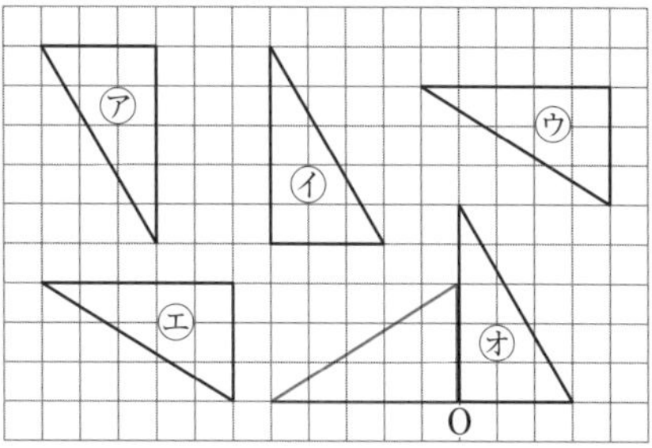

(1) 平行移動だけで重ね合わせることのできる三角形の組を答えなさい。

(㋑と㋔，㋒と㋓)

(2) 対称移動だけで重ね合わせることのできる三角形の組を答えなさい。 (㋑と㋓)

(3) 三角形㋔を，点Oを中心として反時計回りに90°だけ回転移動させた三角形をかきなさい。

〔図形の用語・記号〕

2 右の図の四角形ABCDは正方形である。

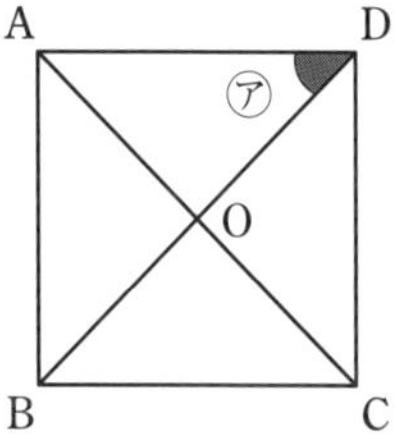

(1) ㋐の角を記号を使って表しなさい。

(∠ADB (∠BDA，∠ADO，∠ODA))

(2) 辺ADとBCの関係を記号を使って表しなさい。(AD＝BC，AD//BC)

(3) 辺ADとDCの関係を記号を使って表しなさい。(AD＝DC，AD⊥DC)

〔図形の移動〕

3 **2**の図で，１回の移動で△ABOを△BCOに重ね合わせるには，どのように移動させればよいか。

(点Oを回転の中心として，反時計回りに90°回転移動させる。
BO(BD)を対称の軸として，対称移動させる。)

2 節 基本の作図

要点 ❶ 作図のしかた，❷ 基本の作図 教 p.166〜p.174

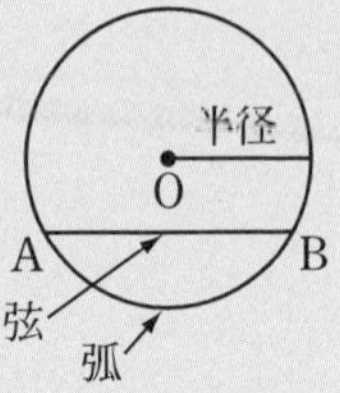

弧《こ》……円周上の２点をA，Bとするとき，AからBまでの円周の部分を**弧AB**といい，$\overset{\frown}{AB}$と表す。

弦《げん》……円周上の２点を結ぶ線分。両《りょう》端《たん》がA，Bである弦を**弦AB**という。

作図……定規とコンパスだけを道具として図をかくこと。

定規……直線をひくために用いる。

コンパス……円をかいたり，等しい長さをとったり，線分を移したりすることに用いる。

★交わる２つの円は，両方の円の中心を通る直線について線対称である。

①半径が異なるとき　②半径が等しいとき

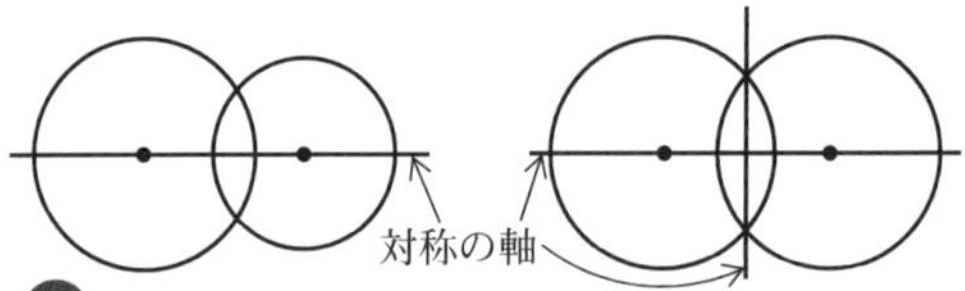

重要例題

例題１ 右の図は，A，Bを中心とする２つの円の交点をP，Qとし，直線ABと線分PQとの交点をMとしたものである。

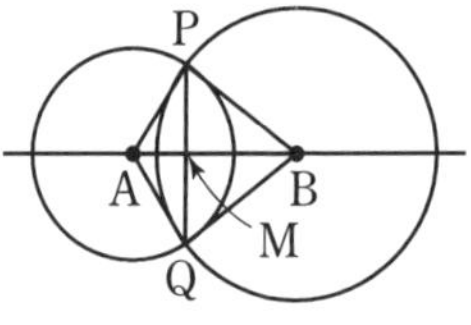

(1) 等しい線分の組は，AP＝ AQ ，PM＝ QM ，BP＝ BQ 。∠ABQと等しい角は ∠ABP 。

(2) PQとABの関係を記号を使って表すと PQ⊥AB となる。

(3) ２つの円は， 直線AB について，線対称である。

要点

垂線の作図①（直線上にない点Pから）

① ℓ上に２点A，Bをとる。

② Aを中心に半径APの円をかく。

③ Bを中心に半径BPの円をかく。

④ ２つの円の交点を通る直線をひく。

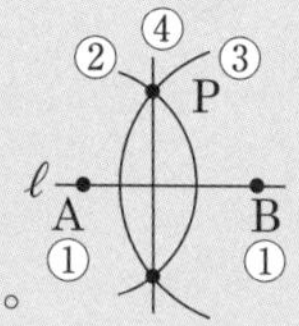

垂線の作図②（直線上にない点Pから）

① 点Pを中心としてℓに交わる円をかき，ℓとの交点をA, Bとする。

② A，Bを中心として等しい半径の円をかき，その交点の１つをCとする。

③ 直線PCをひく。

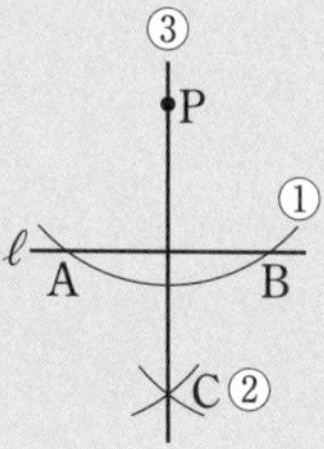

重要例題

例題１ 直線ℓ上にない点Pを通り，ℓに垂直な直線を，①の方法で作図しなさい。

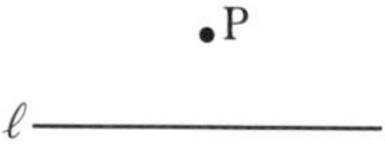

〈解答〉

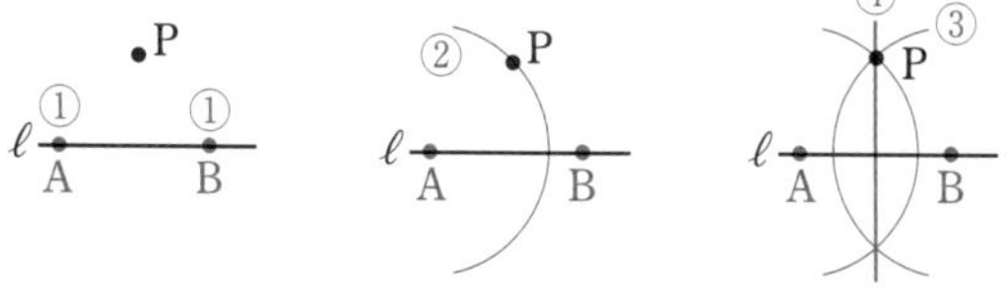

例題２ 直線ℓ上にない点Pを通り，ℓに垂直な直線を，②の方法で作図しなさい。

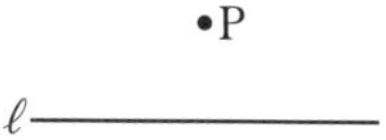

〈解答〉

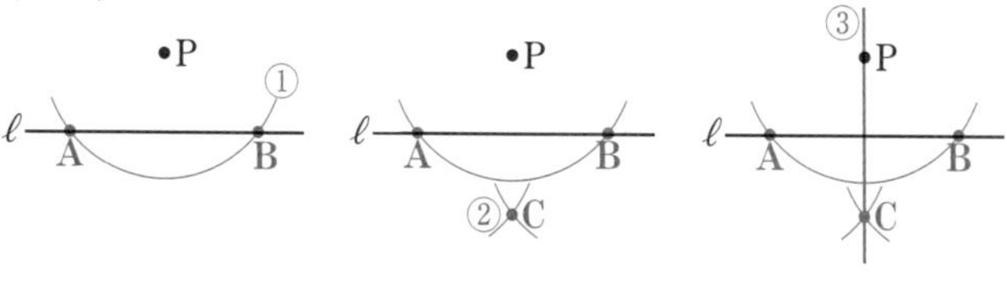

要点

点と直線との距離

〈点Pと直線ℓとの距離〉

直線ℓ上にない点Pからℓに垂線をひき，ℓとの交点をQとする。このときの線分PQの長さを，点Pと直線ℓとの距離という。

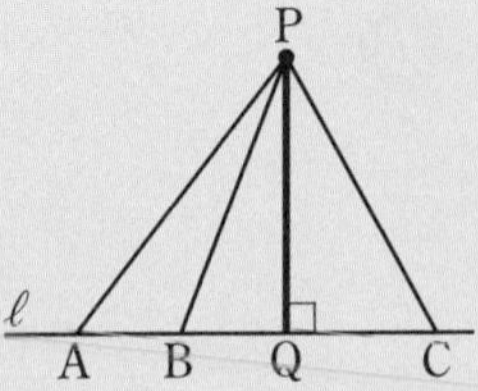

(点Pとℓの距離)＝PQ

(PA，PB，PCは点Pと直線ℓの距離ではない)

平行な2直線の距離

一方の直線上の点からもう一方の直線までの距離。平行な2直線の距離は一定である。

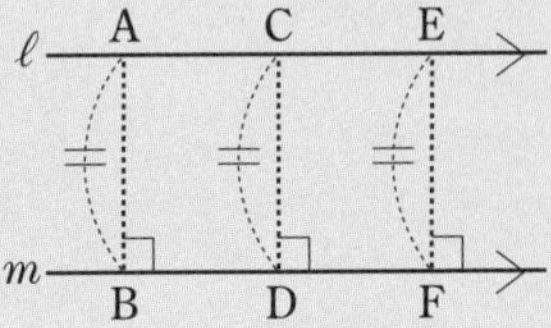

$\ell /\!/ m$のとき

(ℓとmの距離)＝AB＝CD＝EF

重要例題

例題1 (1) 右の点A〜Fのうちで，直線ℓまでの距離がもっとも短いのはどれか。また，もっとも長いのはどれか。

短い［ F ］，長い［ E ］

(2) 方眼の1目もりを1とするとき，点Bと直線mの距離はいくつになるか。また，直線ℓとmの距離はいくつになるか。

Bとm［ 5 ］，ℓとm［ 3 ］

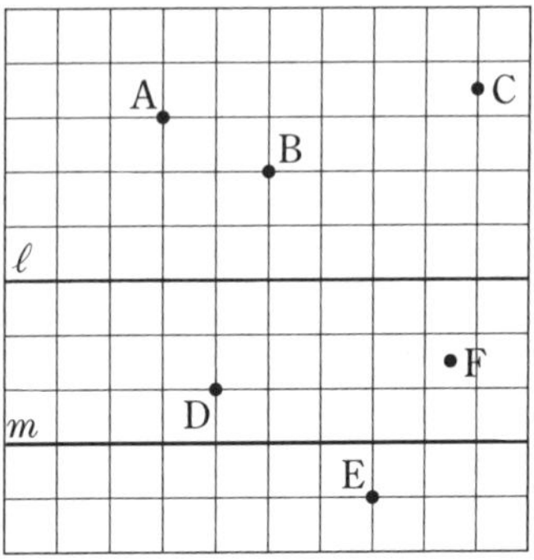

要点

線分ABの垂直二等分線の作図

① 点A，Bを中心として，等しい半径の円をかき，その交点をC，Dとする。

② 直線CDをひく。

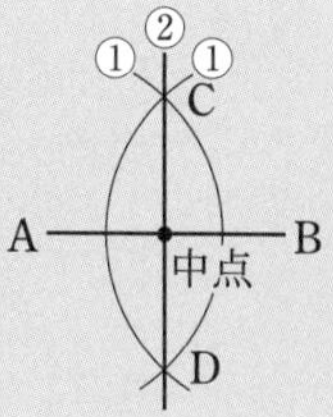

★・線分ABの垂直二等分線ℓ上に点Pをとると，PA=PBとなる。

・**2点A，Bからの距離が等しい点は，線分ABの垂直二等分線上にある。**

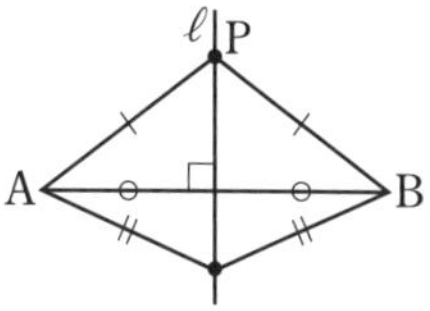

重要例題

例題1 線分ABの中点Mを作図しなさい。

〈解答〉

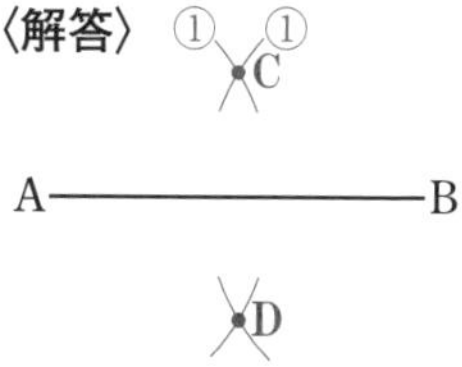

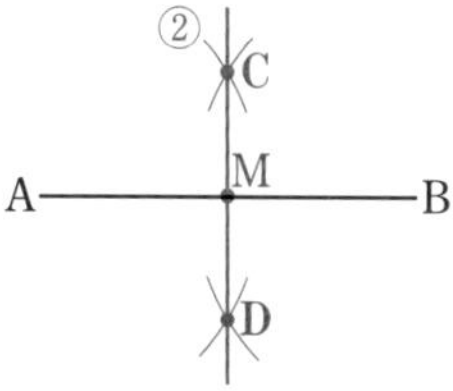

例題2 直線ℓ上にあって，2点A，Bから等しい距離にある点Pを作図しなさい。

ABの垂直二等分線と直線ℓとの交点がPとなる。

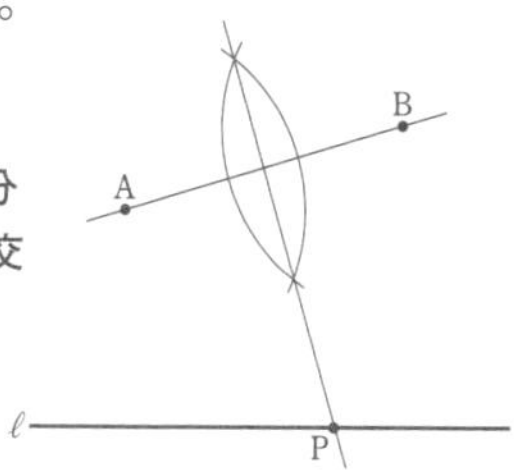

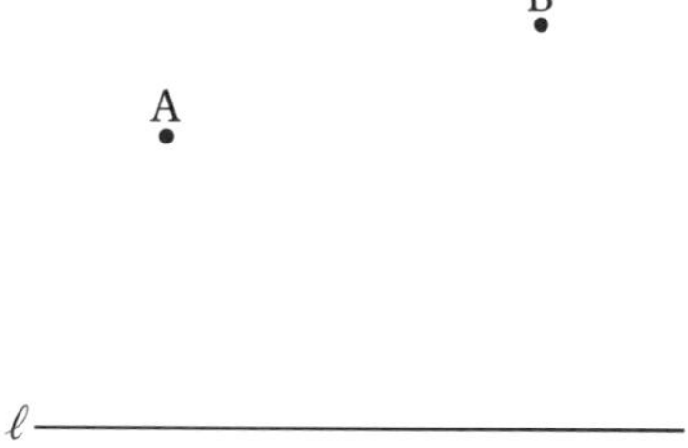

要点

角の二等分線…… 1つの角を2等分する半直線。

∠AOBの二等分線の作図

① 角の頂点Oを中心とする円をかき，角の2辺との交点をC，Dとする。

② C，Dを中心として等しい半径の円をかき，その交点をEとする。

③ 半直線OEをひく。

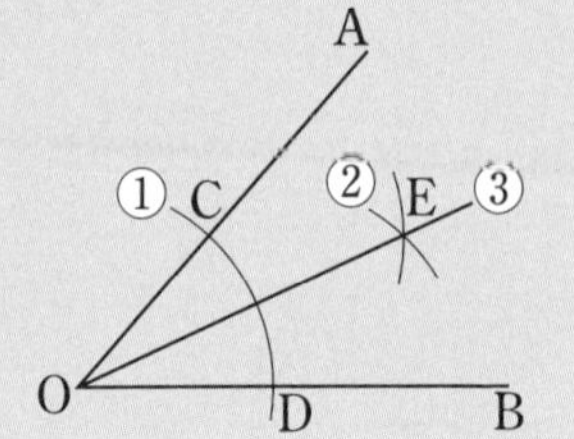

$\angle AOE = \angle BOE = \frac{1}{2}\angle AOB$

★・角の二等分線上の点から角の2辺までの距離は等しい。

・角の内部にあって，その**角の2辺までの距離が等しい点は，角の二等分線上にある。**

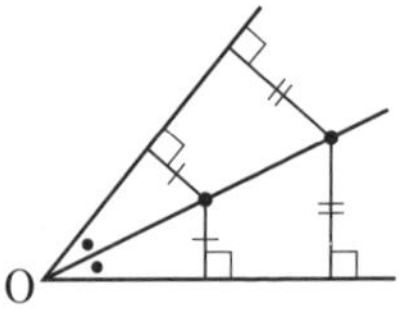

重要例題

例題1 ∠AOBの二等分線を作図しなさい。

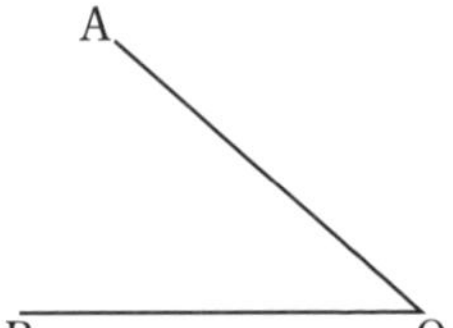

〈解答〉

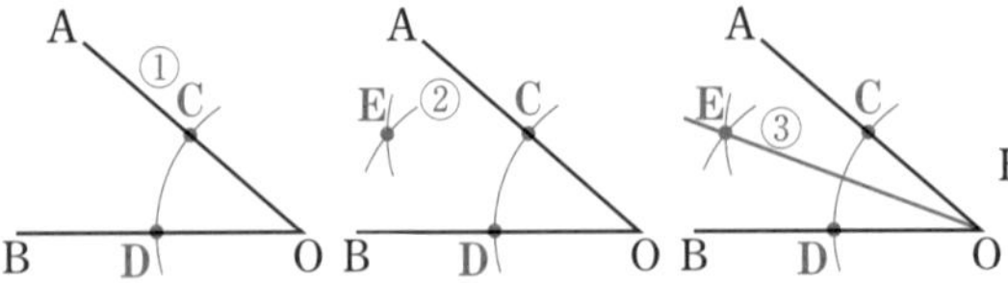

例題2 直線AB上の点Oを通り，この直線に垂直な直線を作図しなさい。

180°の角の二等分線を作図することと同じである。

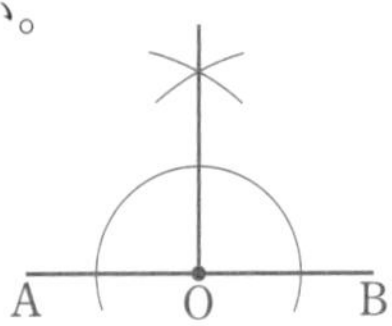

要点 ❸ いろいろな作図 教 p.175～p.176

円と直線の位置関係

円と直線が1点で出あうとき，この直線は円に**接《せつ》する**という。この直線を円の**接線**，接する点を**接点**という。

円の接線

円の接線は，接点を通る半径に垂直である。

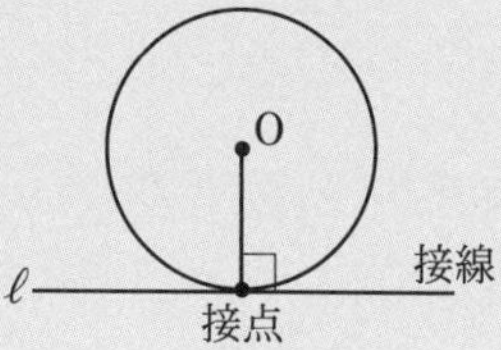

重要! 例題

例題 1 右の図で，点Aを通る接線を作図しなさい。

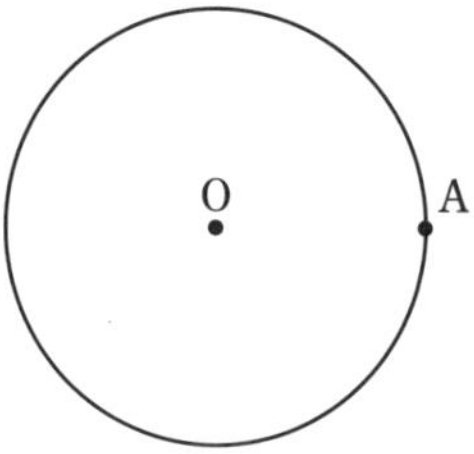

円の接線は，接点を通る半径に垂直なので，O，Aを通る直線をひき，点Aを通る垂線をひく。

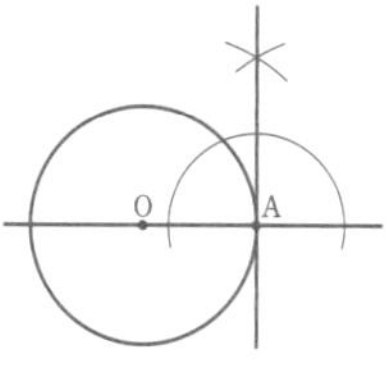

例題 2 右の点A，B，Cを通る円を作図しなさい。

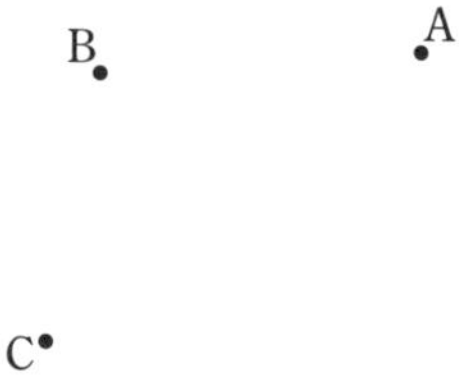

円の中心は，点A，B，Cから等しい距離にあるので，線分AB，BCの垂直二等分線の交点が円の中心になる。

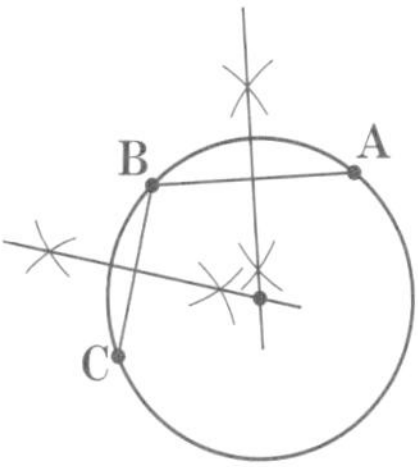

例題3 下の図のように，線分ABと半直線AC，BDがある。

(1) AC，AB，BDまでの距離が等しい点Pを作図によって求めなさい。

AC，ABから距離が等しい点は∠CABの二等分線上，AB，BDから距離が等しい点は∠ABDの二等分線上にあるので，２つの角の二等分線の交点がPである。

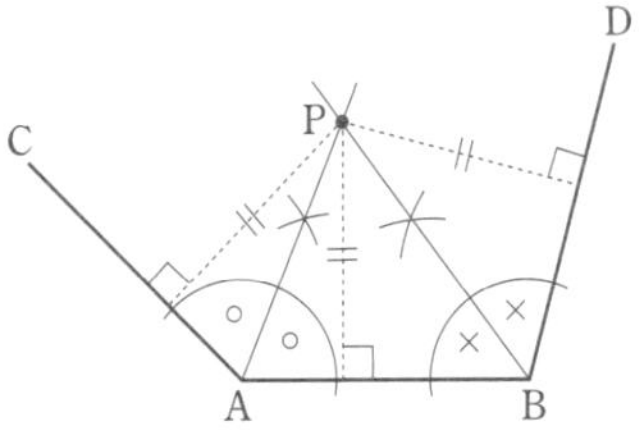

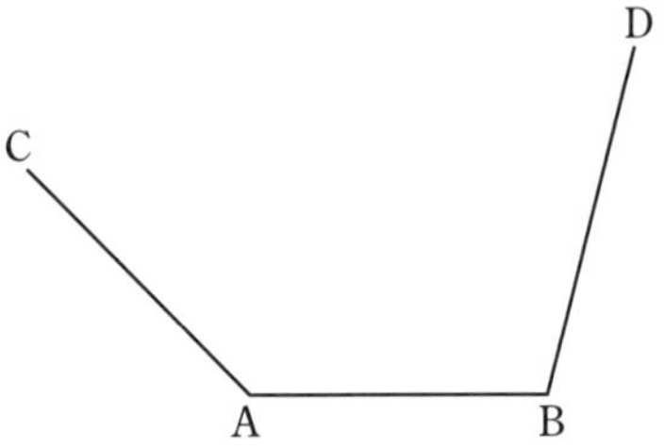

(2) 点Pを中心として，点Pから線分ABまでの距離を半径とする円をかくと，線分AB，半直線AC，BDはこの円の何になるかを答えなさい。　　（　**接線**　）

例題4 右の△ABCで，辺BCを底辺とするときの高さを作図しなさい。

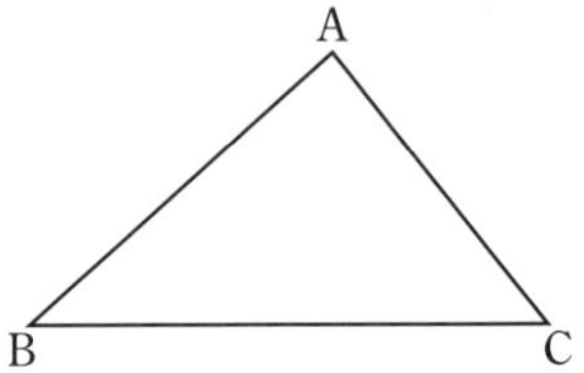

点Aから辺BCへの垂線を作図すればよい。

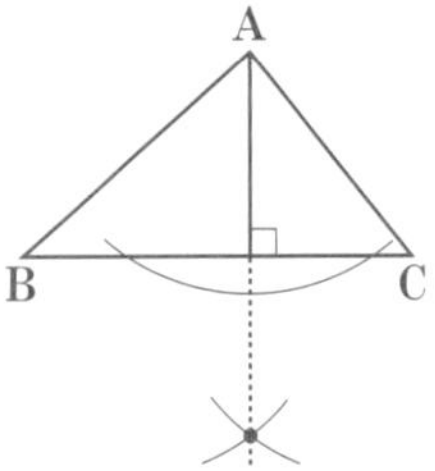

3 節 おうぎ形

要点

❶ おうぎ形 教 p.180～p.181

おうぎ形《がた》……弧の両端を通る2つの半径とその弧で囲まれた図形をおうぎ形という。おうぎ形で，2つの半径のつくる角を**中心角《ちゅうしんかく》**という。

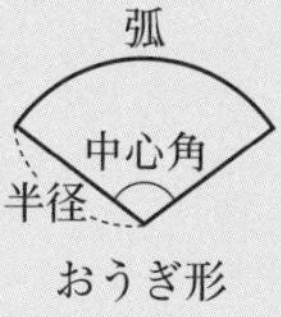

おうぎ形の弧の長さと面積

（半径r，中心角a°）

弧の長さ　$\ell=2\pi r\times\dfrac{a}{360}$

面　積　$S=\pi r^2\times\dfrac{a}{360}$

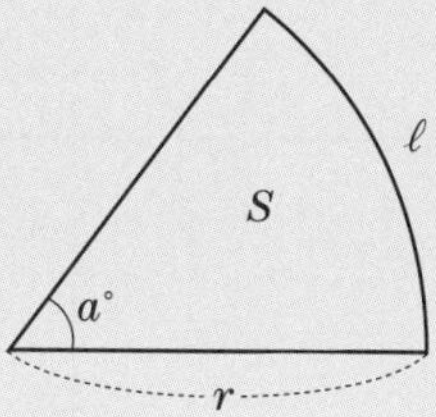

重要例題

例題1 半径が3 cm，中心角が120°のおうぎ形の弧の長さと面積を求めなさい。

〈解答〉 弧の長さ　$2\pi\times\boxed{3}\times\boxed{\dfrac{120}{360}}=\boxed{2\pi}$(cm)

面　積　$\pi\times\boxed{3^2}\times\boxed{\dfrac{120}{360}}=\boxed{3\pi}$(cm^2)

←公式に半径，中心角を代入する

用語・公式 check!

□2点A，Bからの距離が等しい点は，線分ABの□上にある。	垂直二等分線
□角の内部にあって，その角の2辺までの距離が等しい点は□上にある。	角の二等分線
□円の接線は ① を通る半径に ② である。	①接点　②垂直

節末練習・問題

〔いろいろな作図〕

1　右の図の△ABCで，辺BCを底辺とするときの高さADを作図しなさい。

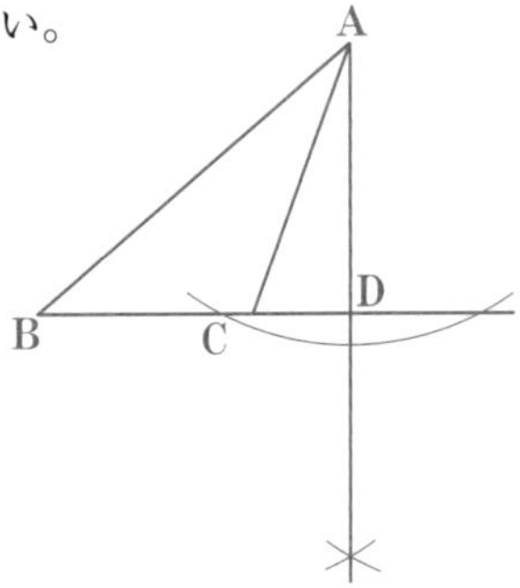

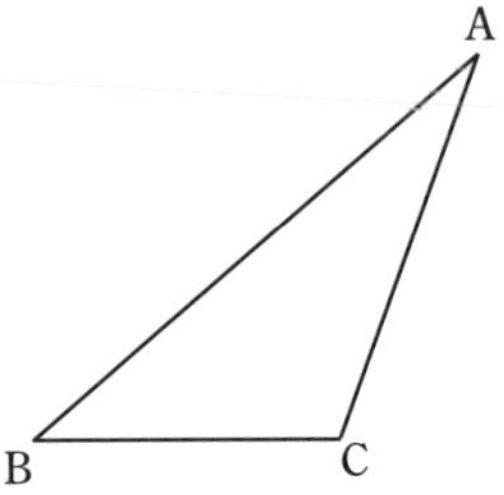

2　下の図の∠AOBの二等分線を作図しなさい。

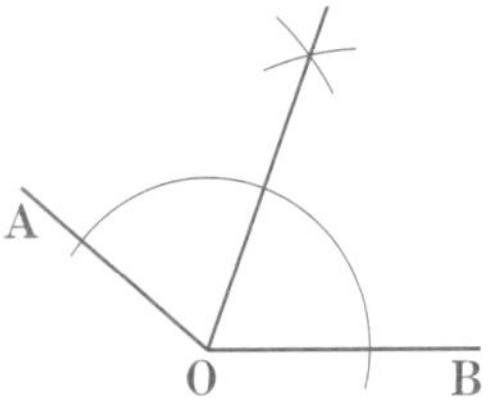

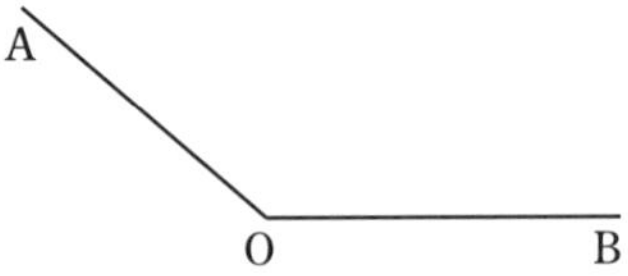

アドバイス

90°より大きい角についても，90°より小さい角と同じ方法で，角の二等分線がひける。

〔おうぎ形の弧の長さと面積〕

3　右の図のおうぎ形の弧の長さと面積を求めなさい。

①

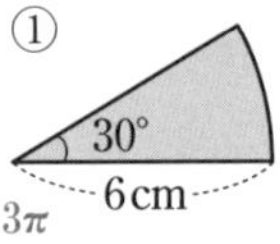

②

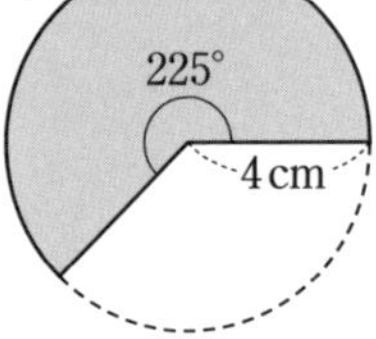

①弧　$2\pi\times6\times\frac{30}{360}=\pi$，面積　$\pi\times6^2\times\frac{30}{360}=3\pi$

②弧　$2\pi\times4\times\frac{225}{360}=5\pi$，面積　$\pi\times4^2\times\frac{225}{360}=10\pi$

（①弧の長さ πcm，面積 3πcm^2　②弧の長さ 5πcm，面積 10πcm^2）

これが出る! 定期テスト対策

1 右の図の㋐～㋗はすべて合同な三角形である。

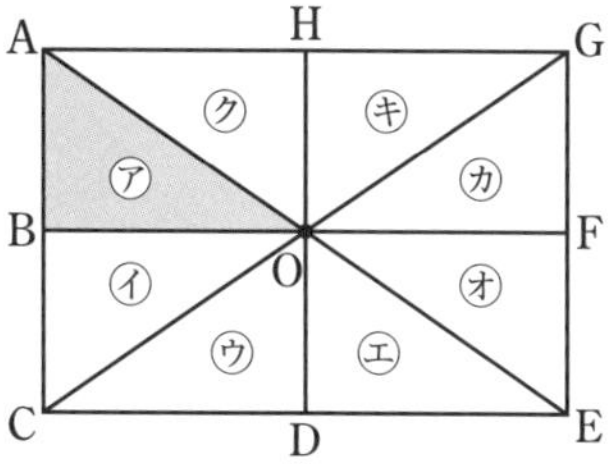

(1) 平行移動だけで㋐に重ね合わせることができる三角形を答えなさい。

(㋓)

(2) 1回の対称移動だけで㋐に重ね合わせることができる三角形を答えなさい。また，そのときの対称の軸を答えなさい。

(㋕ 直線HO(HD)，㋑ 直線BO(BF))

(3) Oを回転の中心とするとき，回転移動だけで㋐に重ね合わせることができる三角形を答えなさい。

(㋔)

でる **2** 右の△ABCの3つの角の二等分線の交点Iを作図しなさい。

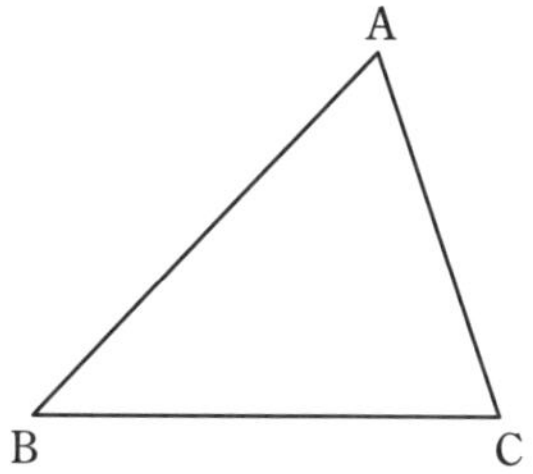

3つの角の二等分線は，1つの点で交わる。

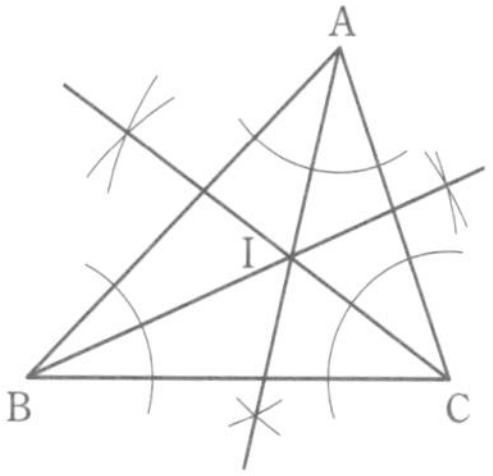

3 半径が10cm，中心角が45°のおうぎ形の弧の長さと面積を求めなさい。

弧 $2\pi\times10\times\frac{45}{360}=\frac{5}{2}\pi$，面積 $\pi\times10^2\times\frac{45}{360}=\frac{25}{2}\pi$

(弧の長さ $\frac{5}{2}\pi$cm ，面積 $\frac{25}{2}\pi$cm^2)

4　右の△ABCの3つの辺の垂直二等分線の交点Oを作図しなさい。

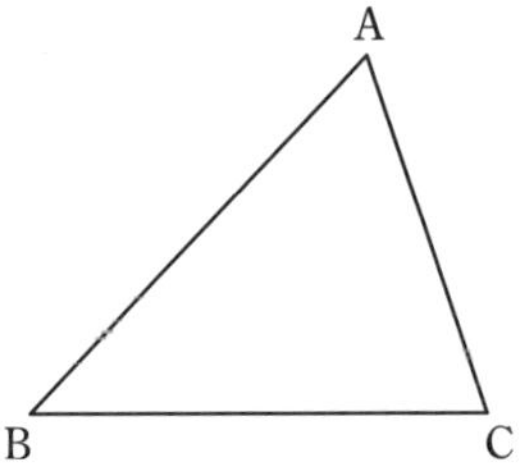

3つの辺の垂直二等分線は1つの点で交わる。

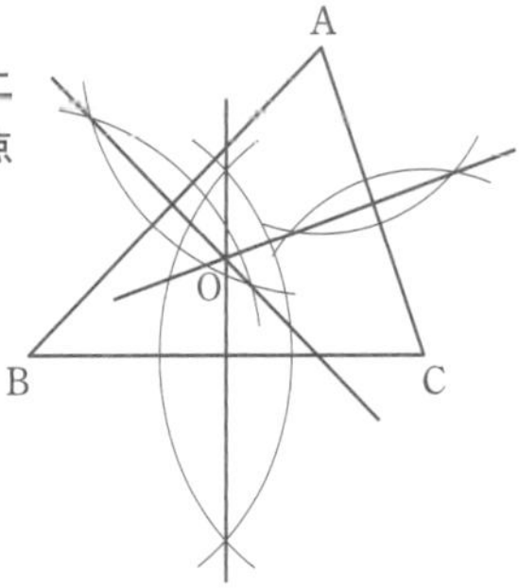

5　右の△ABCの辺ABの中点Eと辺ACの中点Fをそれぞれ作図によって求め，EとFを結ぶ線分をひきなさい。

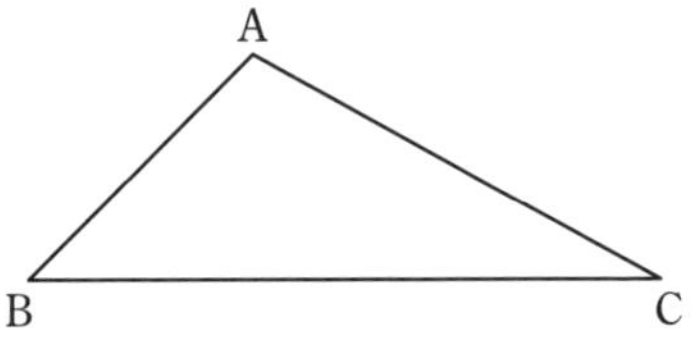

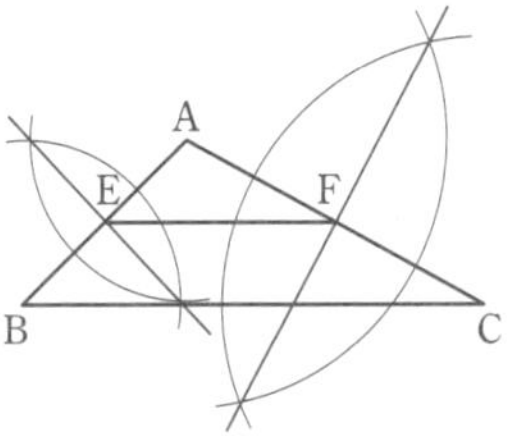

AB，ACそれぞれの垂直二等分線をひく。

6　右の△ABCの辺AC上の点で，辺AB，BCから等しい距離にある点Kを作図しなさい。

辺AB，BCから等しい距離にある点は∠ABCの二等分線上の点である。

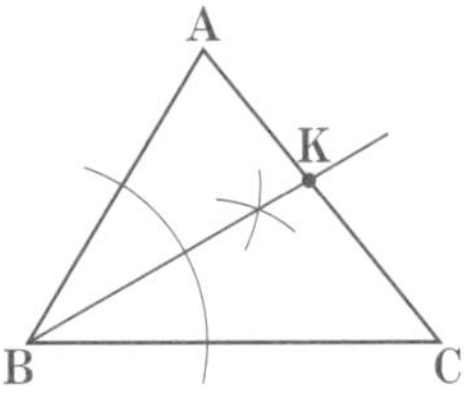

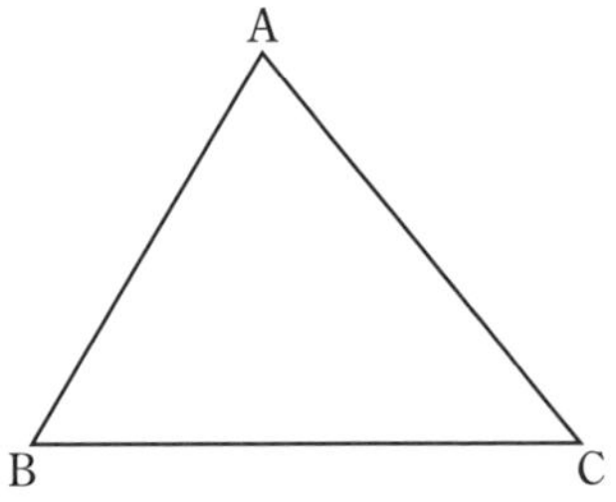

7　右の正方形ABCDの頂点Bが点Pに重なるように折るときの折り目の線分を作図しなさい。

線分BPの垂直二等分線を作図すればよい。

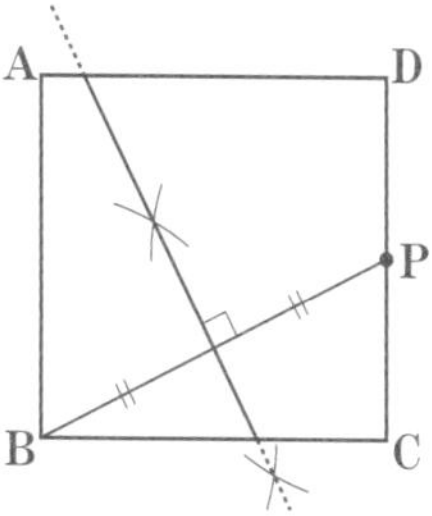

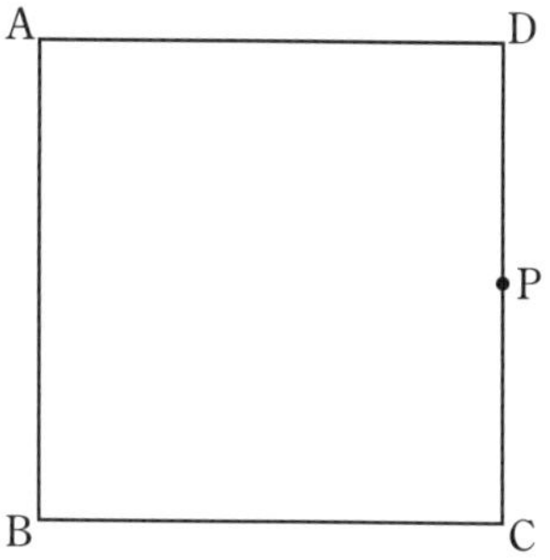

この考え方も身につけよう

いろいろな角の作図のしかた

① 60°の角 → 正三角形を作図する。（正三角形の角＝60°）

② 30°の角 → 60°の角の二等分線を作図する。

③ 15°の角 → 30°の角の二等分線を作図する。

④ 90°の角 → 直線の垂線をひく。

⑤ 45°，135°の角 → 90°の角の二等分線を作図する。

⑥ 105°の角 → 45°の角と60°の角をあわせる。

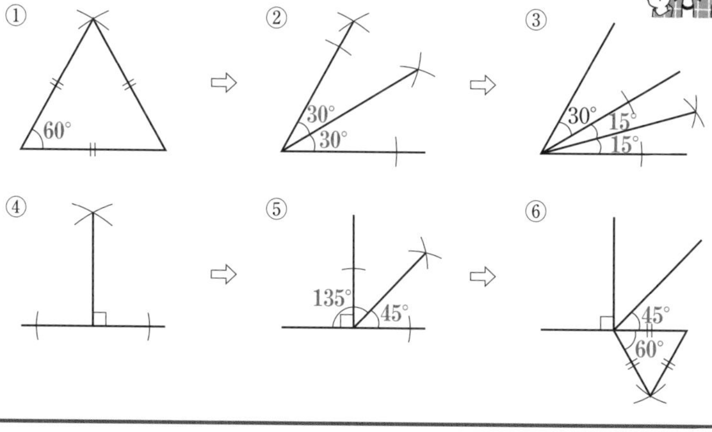

6章 立体の見方をひろげよう ——空間図形

1節 いろいろな立体

要点

❶いろいろな立体 教 p.190～p.192

多面体《ためんたい》……平面だけで囲まれた立体。（下の図㋐，㋑）

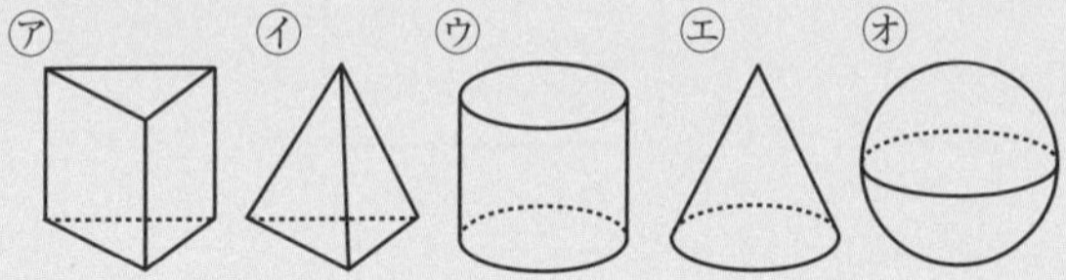

・㋐，㋑のような多面体を，それぞれ**角柱**，**角錐《かくすい》**という。

・㋒，㋓のような立体を，それぞれ**円柱**，**円錐《えんすい》**という。

・㋔のような立体は**球**という。

★・多面体は，その面の数によって，四面体，五面体などという。
・底面が正三角形の角柱を正三角柱，底面が正三角形で側面がすべて合同な二等辺三角形である角錐を正三角錐という。

重要例題

例題1 角柱や円柱では，2つの底面は［合同］な図形である。また，角柱の側面は［長方形］であり，円柱の側面は［曲面］となっている。

例題2 正六角柱の，底面の形や数，側面の形や数を答えなさい。

〈解答〉 底面の形は［正六角形］で，その数は［2］

側面の形は［合同］な［長方形］で，その数は［6］

例題3 底面が正方形で，側面がすべて合同な二等辺三角形である角錐を［正四角錐］という。

例題4 ［球］はどの方向から見ても同じ形の立体である。

要点

正多面体……多面体で次の2つの性質をもち，へこみのない立体。

1. どの面もすべて合同な正多角形である。
2. どの頂点にも面が同じ数だけ集まっている。

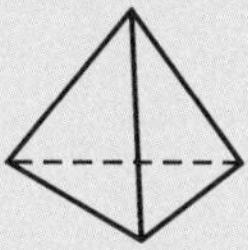
正四面体

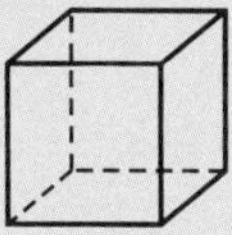
正六面体

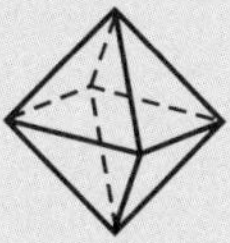
正八面体

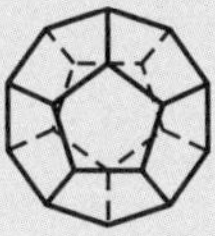
正十二面体

正二十面体

重要例題

例題1 下の表の空らんをうめなさい。

	面の形	面の数	辺の数	頂点の数
正四面体	正三角形	4	6	4
正六面体	正方形	6	12	8
正八面体	正三角形	8	12	6
正十二面体	正五角形	12	30	20
正二十面体	正三角形	20	30	12

例題2 (面の数)−(辺の数)＋(頂点の数)を求めなさい。

正四面体　[4]−6＋[4]＝[2]

正六面体　6−[12]＋[8]＝[2]

正八面体　[8]−[12]＋6＝[2]

正十二面体　12−30＋[20]＝[2]

正二十面体　[20]−30＋12＝[2]　※すべて2となる。

2 節　立体の見方と調べ方

要点　❶ 直線や平面の位置関係　教 p.194〜p.199

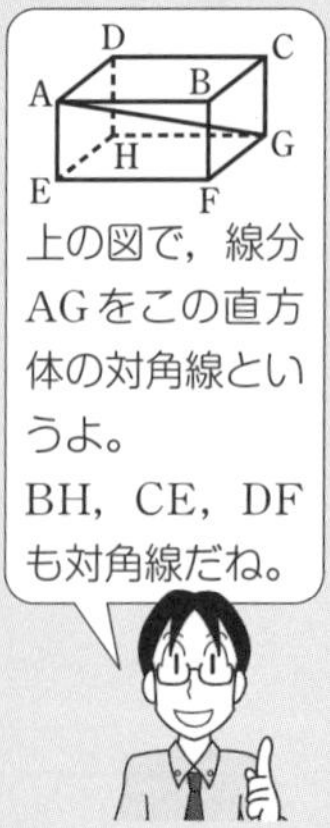

空間内にある 2 つの平面

㋐ 交わる

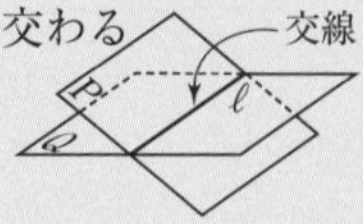

㋑ 平行

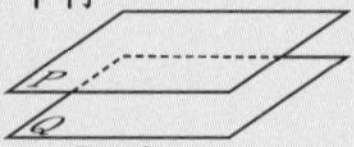

P//Q

交線《こうせん》……平面と平面が交わったところにできる直線。

空間内にある平面と直線

㋐ 平面上にある

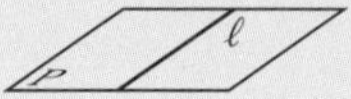

㋑ 交わる

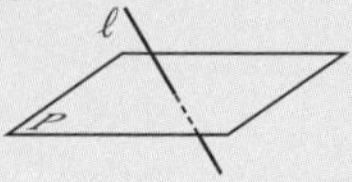

㋒ 平行

ℓ//P

ねじれの位置……空間内で，平行でなく交わらない 2 つの直線の関係。

空間内にある 2 つの直線の位置関係

㋐ 交わる

㋑ 平行

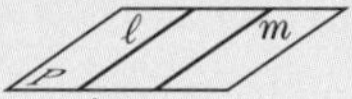

ℓ//m

㋒ ねじれの位置

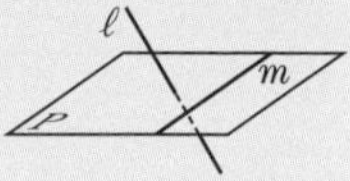

重要 例題

例題 1 右の図の立方体で，面AEFBに平行な面はどれか。また，直線AEと平行な面はどれか。

答　面AEFBに平行な面　　**面DHGC**

　　直線AEと平行な面　　**面BFGC，面DHGC**

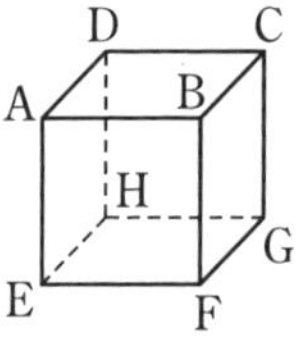

例題 2 右の図の直方体で，辺ABとねじれの位置にある辺をすべて求めなさい。

答　**辺DH，辺CG，辺EH，辺FG**

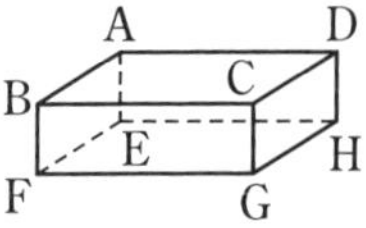

要点

平面のつくる角

平面に垂直な直線

平面Pと交わる直線ℓが，その交点Oを通るP上の異なる2つの直線m，nに垂直になっていれば，**直線ℓは平面Pに垂直である。**

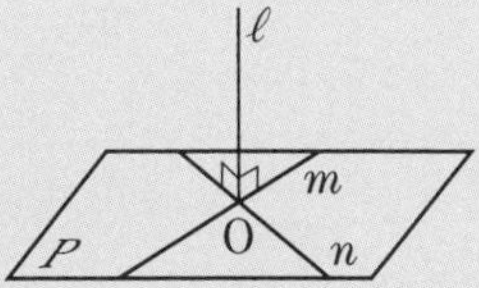

直線ℓは平面Pに垂直

右の図で，∠ABCを，2つの平面P，Qのつくる角という。

∠ABCが直角のとき，2つの平面P，Qは垂直であるといい，$\mathrm{P}\perp\mathrm{Q}$と表す。

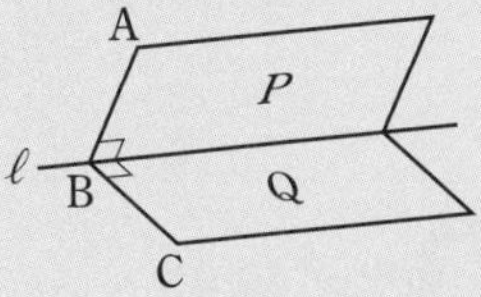

∠ABC＝(平面P，Qのつくる角)

★1つの点Aから平面Pにひいた垂線と，平面Pとの交点をHとするとき，線分AHの長さを，点Aと平面Pとの距離《きょり》という。

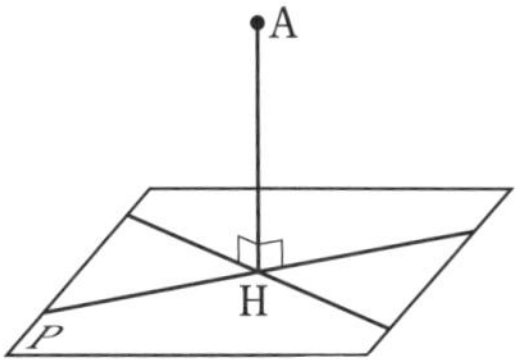

重要例題

例題1 右の図の立体は正三角柱である。

(1) 面ACFDと面ABEDのつくる角は何度か。

∠CABが，面ACFDと面ABEDのつくる角である。

答　60°

(2) 面ACFDと垂直な面はどれか。

答　面ABC，面DEF

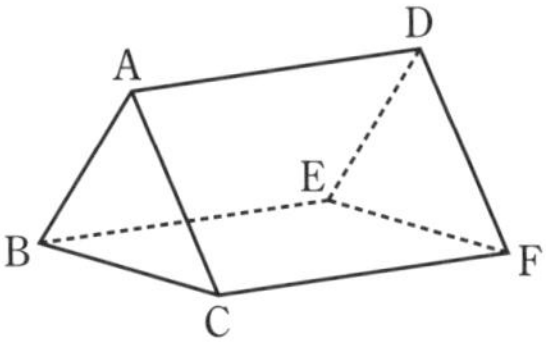

要点 ❷ 面の動き 教 p.200〜p.202

回転体……円柱や円錐のように，1つの直線を軸として平面図形を回転させてできる立体。

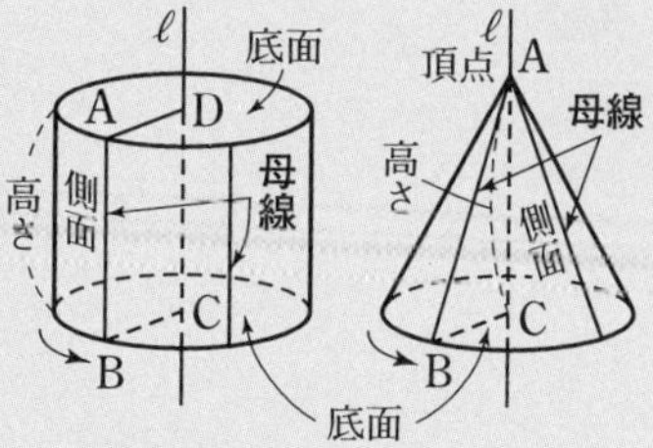

母線《ぼせん》……円柱や円錐の側面をえがく線分AB（上の図で）を，円柱や円錐の母線という。

重要例題

例題 1 底面の直径が6 cm，母線が5 cm，高さが4 cmの円錐を，回転の軸をふくむ平面で切ると，その切り口はどんな図形か。辺の長さも答えなさい。また，回転の軸に垂直な平面で切ると切り口はどうなるか。

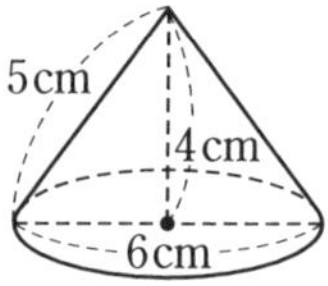

〈解答〉 回転の軸をふくむ平面で切るときの切り口は，底辺が 6 cmで，残りの2辺がそれぞれ 5 cmの 二等辺三角形 となる。
また，回転の軸に垂直な平面で切るときの切り口は 円 になる。

例題 2 下の図のような四角形を，辺ADを軸として回転させてできる立体の見取図をかきなさい。

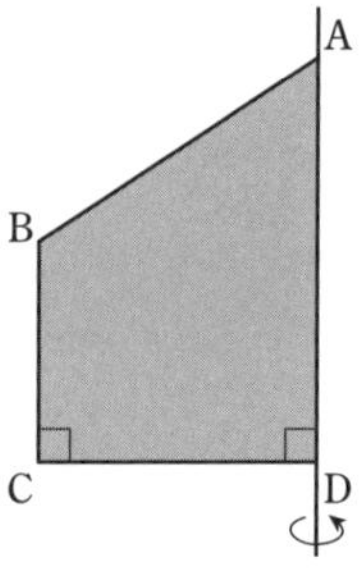

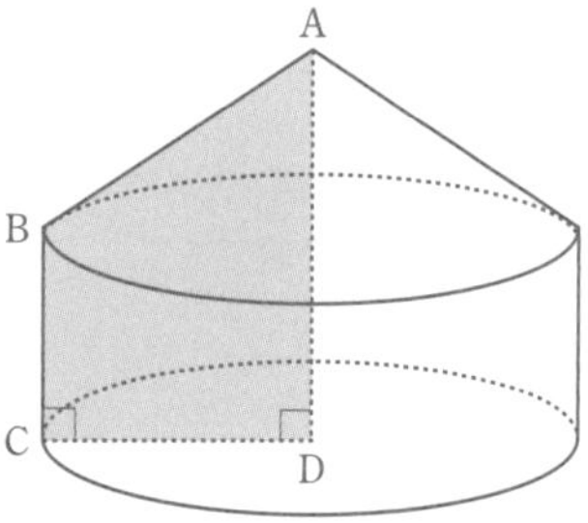

要点　❸ 立体の展開図　教 p.203〜p.205

角柱や円柱の展開図

三角柱の展開図

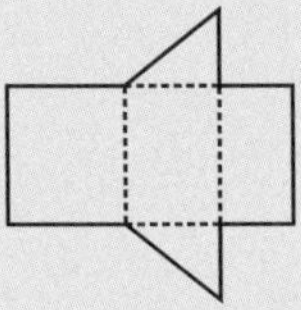

四角柱の展開図

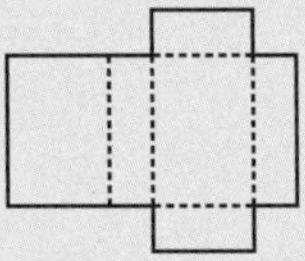

円柱の展開図

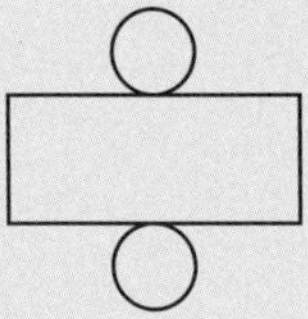

角柱や円柱の展開図で，側面になる長方形の横の長さは，底面の多角形や円の周の長さに等しい。

重要！例題

例題 1 右の図は立方体の展開図である。これを組み立てたとき，辺ABと平行な辺，ねじれの位置にある辺を答えなさい。また，面ABCNと平行な面，垂直な面を答えなさい。

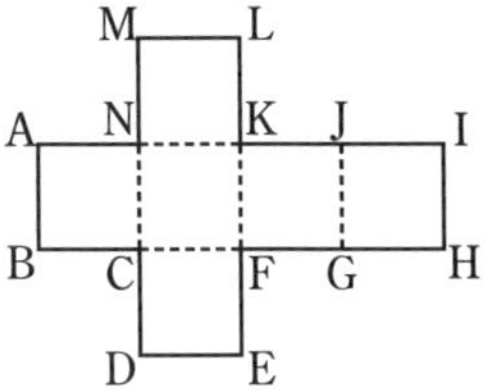

辺ABと平行な辺

（　辺NC，辺KF，辺JG　）

辺ABとねじれの位置にある辺

（辺NK，辺KJ(KL)，辺CF，辺FG(FE)）

面ABCNと平行な面

（　面KFGJ　）

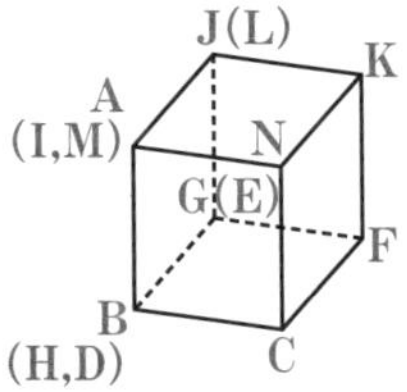

面ABCNと垂直な面　（面MNKL，面NCFK，面CDEF，面JGHI）

例題 2 底面の半径が 4 cmの円柱がある。この円柱の展開図をかくとき，側面になる長方形の横は何cmにすればよいか。

〈解答〉　側面になる長方形の横の長さは，［底面の円の周の長さ］に等しいから，　$2\pi \times$［4］＝［8π］(cm)

要点

角錐や円錐の展開図

正四角錐の展開図　　　　円錐の展開図

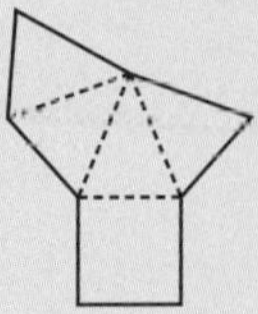

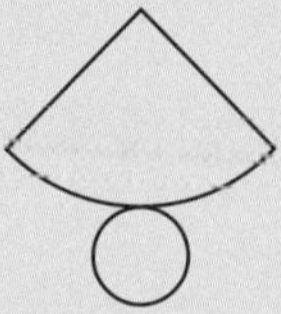

円錐の展開図

・側面になるおうぎ形の弧《こ》の長さは底面の円周に等しい。

・おうぎ形の半径は円錐の母線に等しい。

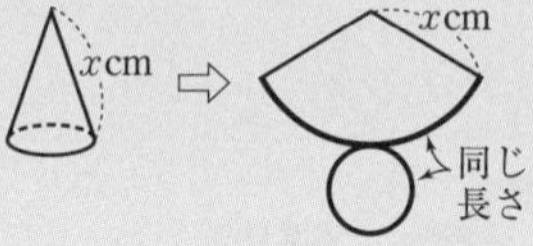

重要例題

例題 1 底面の半径が10cmの円錐の展開図で，側面になるおうぎ形の弧の長さは，$2\pi\times$ [10] ＝ [20π] (cm) ←底面の円周に等しい

例題 2 右の図の円錐の展開図で，側面になるおうぎ形の，半径と弧の長さ，中心角の大きさを求めなさい。

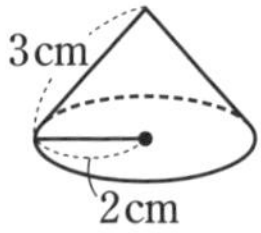

〈解答〉 側面になるおうぎ形の半径は母線の長さと等しいので [3] cm，弧の長さは底面の円周の長さと等しいので [4π] cmとなる。

また，弧の長さは半径が3cmの円の円周の長さの $\dfrac{\boxed{4\pi}}{6\pi}$ すなわち $\boxed{\dfrac{2}{3}}$ になるので，中心角は，

360°の $\boxed{\dfrac{2}{3}}$ すなわち [240°] である。

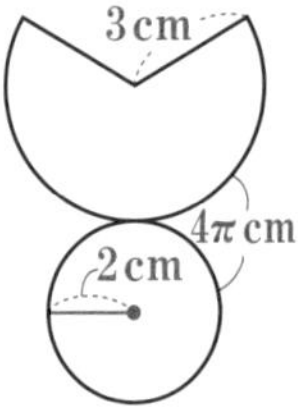

要点 ❹ 立体の投影図 教 p.206~p.207

投影《とうえい》図《ず》……立体をある方向から見て平面に表した図。

真上から見た図を**平面図**，正面から見た図を**立面図**という。

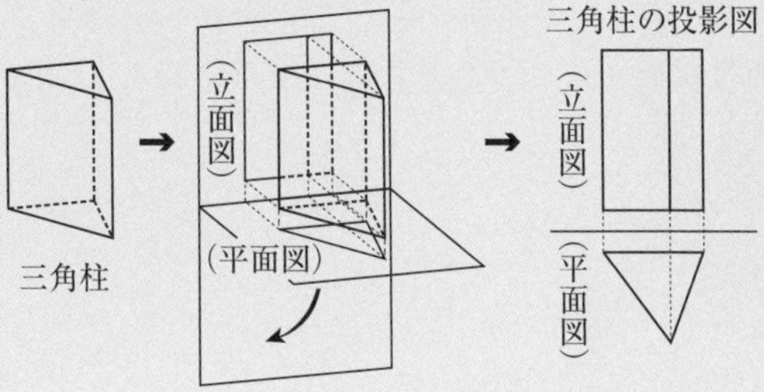

重要 例題

例題 1 下の①~④の投影図はどのような立体を表しているか答えなさい。

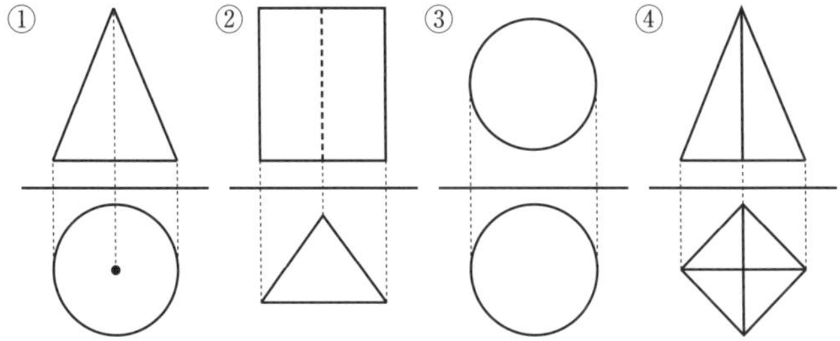

〈解答〉 ① 円錐　② 三角柱　③ 球　④ 四角錐

例題 2 右の図のような立体の立面図と平面図をかきなさい。

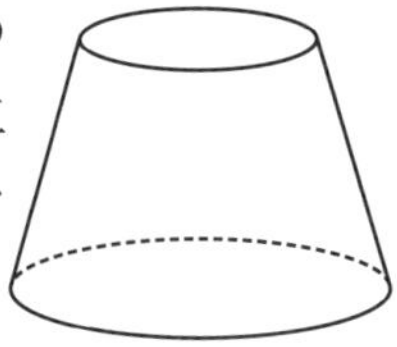

〈解答〉

立面図

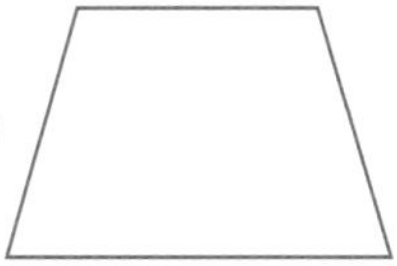

平面図

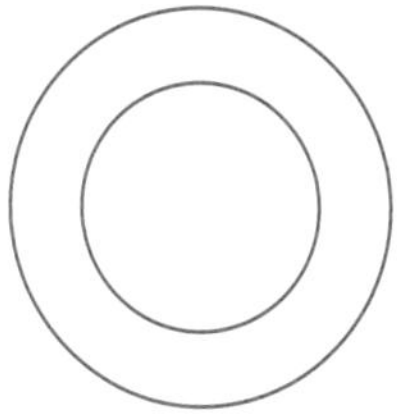

用語・公式 check!

□正多面体は５種類ある。正四面体，正六面体，正八面体，正十二面体，もう１つは何か。　正二十面体

□正八面体の１つの面はどのような形か。　正三角形

□平面と平面が交わったところにできる線を［　　］という。　交線

□空間内で，平行でなく，交わらない２直線の位置関係を何というか。　ねじれの位置

□底面が１辺２cmの正三角形である正三角柱の展開図で，側面になる長方形の横の長さ。　6cm

□底面の半径が３cmの円柱の展開図で，側面になる長方形の横の長さ。　6πcm

□底面の半径が１cmの円錐の展開図で，側面になるおうぎ形の弧の長さ。　2πcm

節末練習・問題　教 p.208

〔直線や平面の平行と垂直，ねじれの位置〕

でる **1**　右の図は，底面が正五角形の五角柱である。

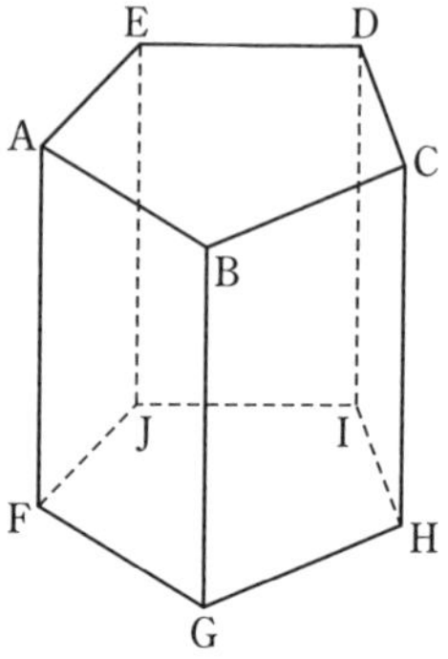

(1)　辺CDと平行な辺はどれか。

（　辺HI　）

(2)　辺AFと垂直な面はいくつあるか。

面ABCDEと面FGHIJ　（　2つ　）

(3)　辺AFと平行な辺はいくつあるか。

辺BG，辺CH，辺DI，辺EJ　（　4つ　）

(4)　辺AFとねじれの位置にある辺をすべて求めなさい。

（　辺BC，辺CD，辺DE，辺GH，辺HI，辺IJ　）

〔回転体〕

2 下の図のような平面図形を，直線ℓを軸として回転させてできる立体の見取図をかきなさい。

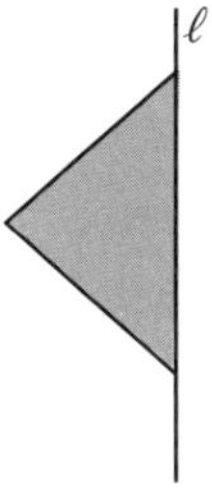

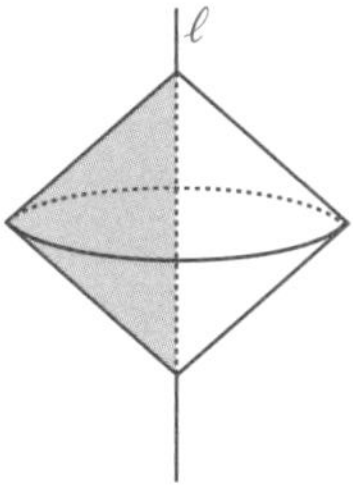

〔正三角柱の展開図〕

3 右の図は，正三角柱の展開図である。

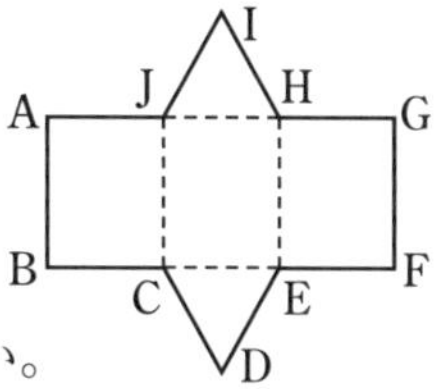

⑴ 面HIJと平行になる面はどれか。

（ **面CDE** ）

⑵ 面JCEHと垂直になる面をすべて求めなさい。

（ **面HIJ，面CDE** ）

⑶ 辺GFと平行になる辺をすべて求めなさい。

（ **辺JC，辺HE** ）

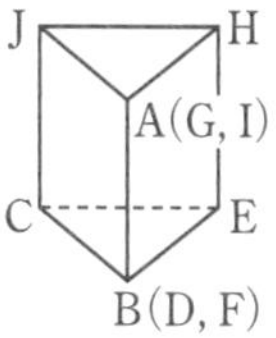

⑷ 辺JCとねじれの位置にある辺をすべて求めなさい。

（ **辺HI(HG)，辺ED(EF)** ）

〔円柱の展開図〕

4 右の図の円柱の展開図をかくとき，側面になる長方形の横の長さは何cmにすればよいか。

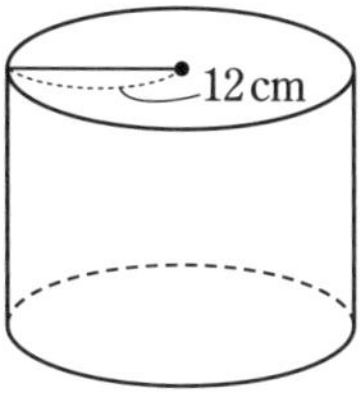

（側面になる長方形の横の長さ）＝（底面の円の周の長さ）

なので，$2\pi\times12=24\pi$(cm)

（ **24πcm** ）

5　下の図のように，円柱の側面に，ひもの長さがもっとも短くなるようにしてAからBまでひもをかけた。このときのひものようすを，下の展開図にかき入れなさい。

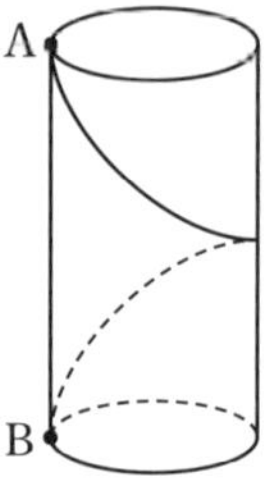

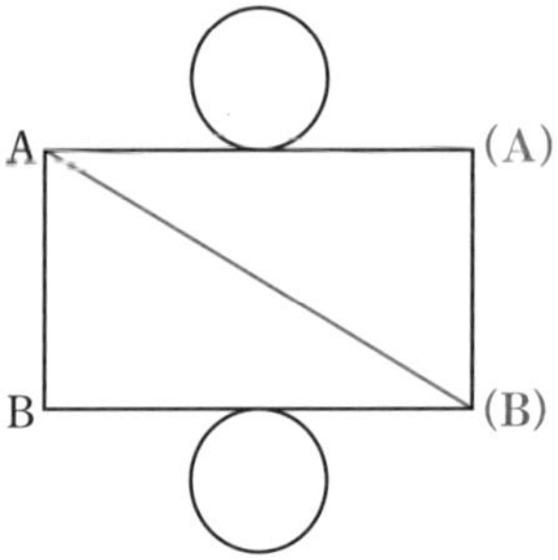

〔円錐の展開図とおうぎ形〕

でる **6**　右の図の円錐の展開図について，次の問に答えなさい。

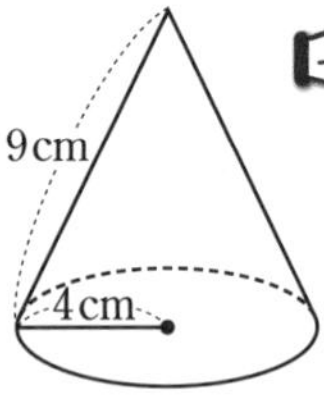

アドバイス

> (おうぎ形の弧)
> ＝
> (底面の円周)
> を利用する。

(1)　側面になるおうぎ形の半径を求めなさい。　　　（　9 cm　）

(2)　側面になるおうぎ形の弧の長さを求めなさい。　弧の長さは底面の円周と等しい。

$2\pi\times4=8\pi$

（　8π cm　）

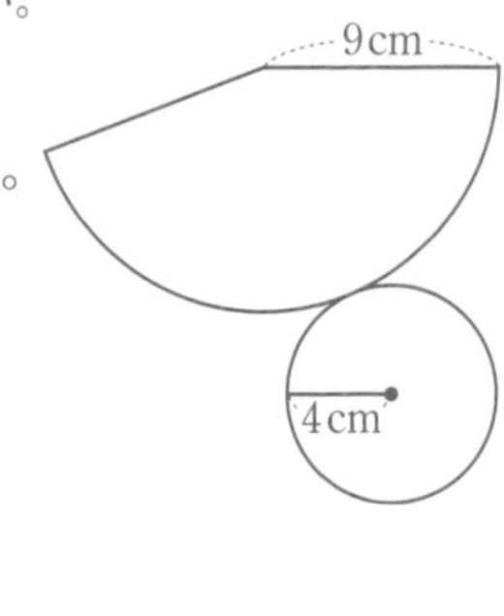

(3)　側面になるおうぎ形の中心角を求めなさい。

弧の長さは，半径が 9cm の円の円周の長さの

$\frac{8\pi}{18\pi}=\frac{4}{9}$ になるので，$360°\times\frac{4}{9}=160°$

（　160°　）

〔立体の投影図〕

7　右の投影図は，直方体，円錐，三角錐，四角錐，円柱，球のうち，どの立体を表しているか。

（　直方体　）

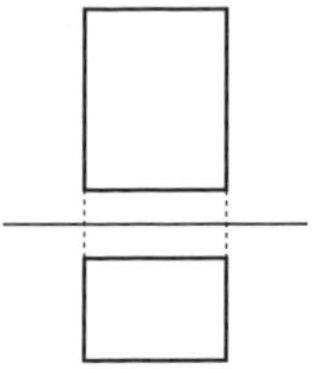

3節 立体の体積と表面積

要点 ❶ **体積** 教 p.210〜p.212

体積をVとすると

角柱の体積

$V=$(底面積)×(高さ)

$=Sh$

円柱の体積

$V=$(底面積)×(高さ)

$=Sh=\pi r^2 h$

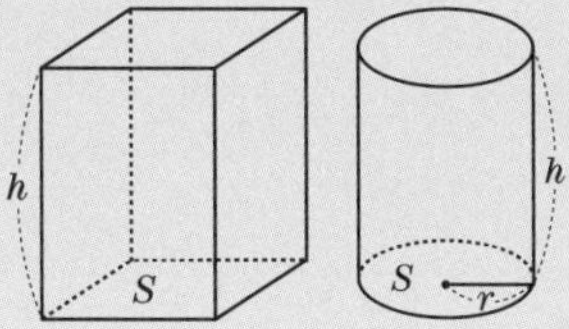

重要 例題

例題1 次の角柱や円柱の体積を求めなさい。

(1)

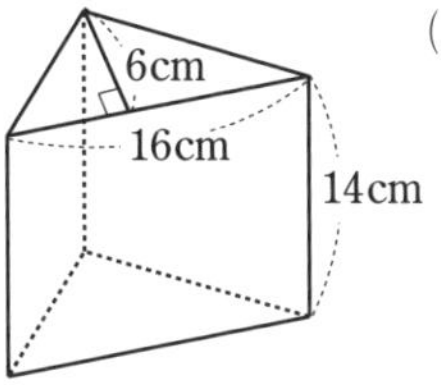

(2)

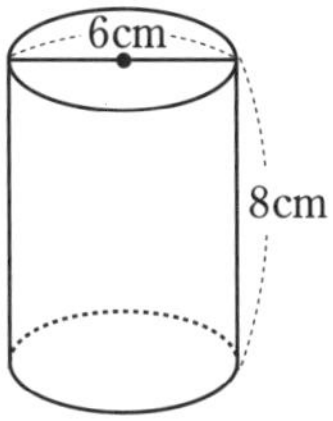

(3)

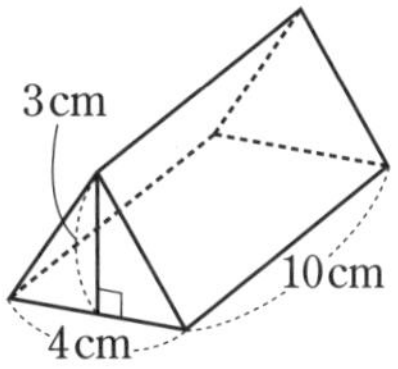

〈解答〉 (1) (底面積)×(高さ)＝ 48 × 14 ＝ 672 (cm^3)

(2) (底面積)×(高さ)＝ 9π × 8 ＝ 72π (cm^3)

(3) (底面積)×(高さ)＝ 6 × 10 ＝ 60 (cm^3)

例題2 右の長方形ABCDを，辺DCを軸として回転させてできる立体の体積を求めなさい。

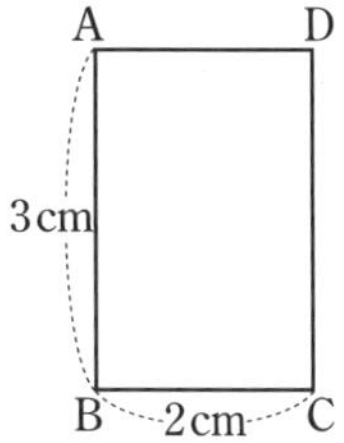

〈解答〉

辺DCを軸として回転させてできる立体は，底面の半径が 2 cm，高さが 3 cmの 円 柱となる。

その体積は 4 π× 3 ＝ 12 π(cm^3)

要点

体積をVとすると

角錐の体積

$$V=(\text{底面積})\times(\text{高さ})\times\frac{1}{3}$$

$$=\frac{1}{3}Sh$$

円錐の体積

$$V=\frac{1}{3}Sh=\frac{1}{3}\pi r^2h$$

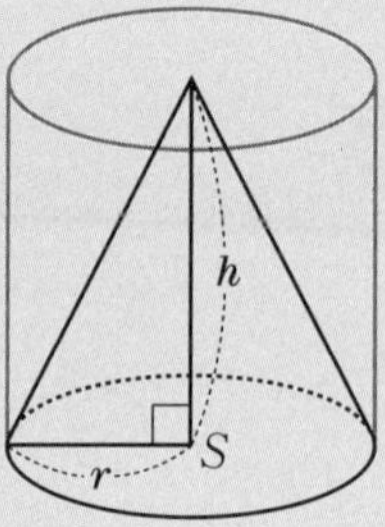

重要例題

例題 1 次の立体の体積を求めなさい。

(1)

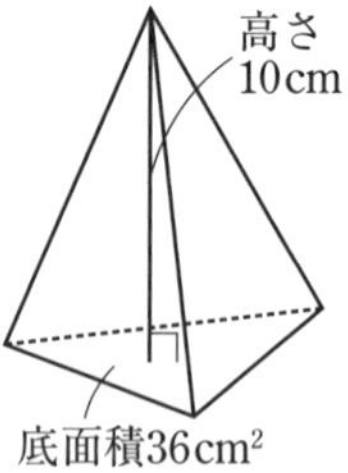

(2)

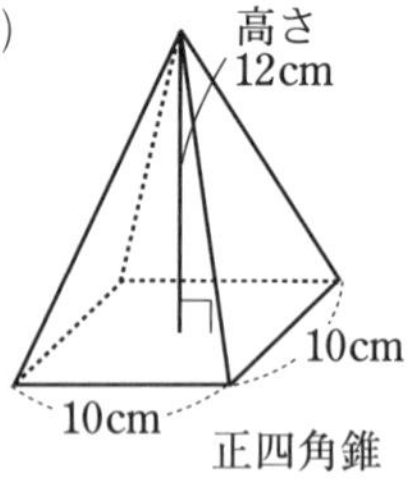

(3)

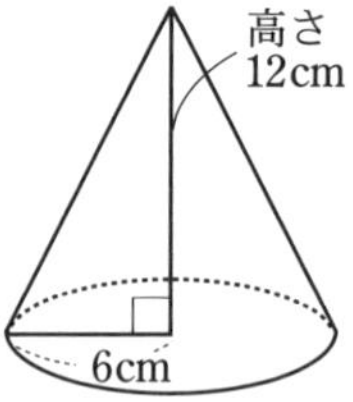

〈解答〉 (1) $V=\frac{1}{3}\times\boxed{36}\times\boxed{10}=\boxed{120}$ (cm^3)

(2) $V=\frac{1}{3}\times\boxed{100}\times\boxed{12}=\boxed{400}$ (cm^3)

(3) $V=\frac{1}{3}\times\boxed{36\pi}\times\boxed{12}=\boxed{144\pi}$ (cm^3)

例題 2 右の△ABCを，辺ACを軸として回転させてできる立体の体積を求めなさい。

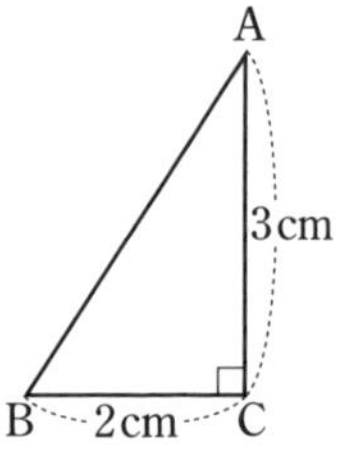

〈解答〉 底面の半径が$\boxed{2}$cm，高さが$\boxed{3}$cmの$\boxed{\text{円錐}}$となる。その体積は

$\boxed{\frac{1}{3}}\times\boxed{4}\pi\times\boxed{3}=\boxed{4\pi}$ (cm^3)

要点 ❷表面積 教 p.213〜p.214

表面積《ひょうめんせき》

立体のすべての面の面積の和を**表面積**という。また，側面全体の面積を**側面積《そくめんせき》**，１つの底面の面積を**底面《ていめん》積《せき》**という。

- **角柱，円柱の側面積＝(高さ)×(底面の周の長さ)**
- **角柱，円柱の表面積＝(側面積)＋(底面積)×2**

絶対暗記！

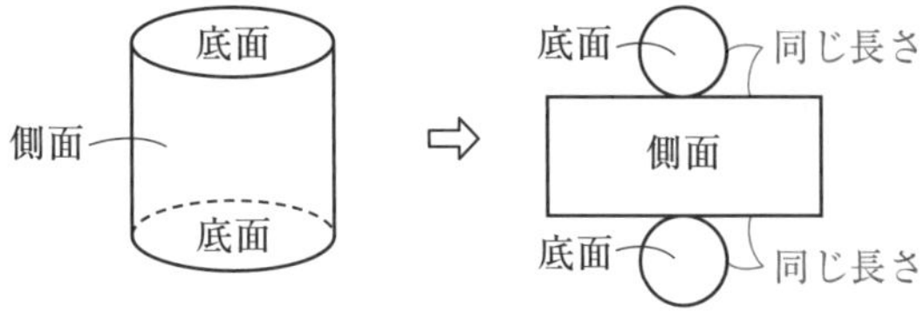

重要例題

例題１ 右の展開図からできる三角柱の表面積を求めなさい。

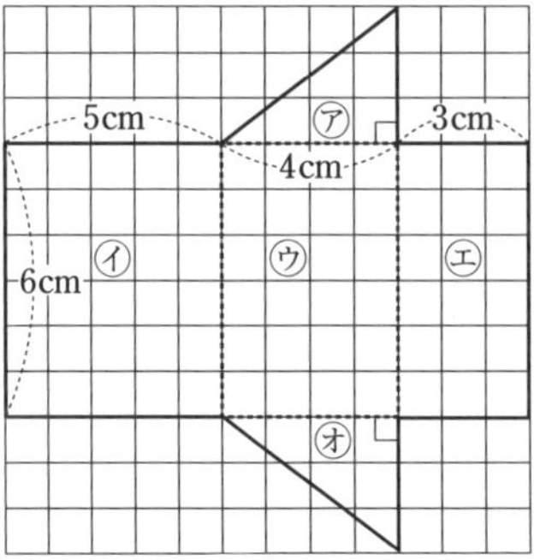

〈解答〉 側面積＝㋑＋㋒＋㋓

$= \boxed{6} \times \boxed{12} = \boxed{72}$ (cm^2)

底面積＝㋔＝$\boxed{6}$ (cm^2) ←$\frac{1}{2} \times 4 \times 3$

表面積＝(側面積)＋(底面積)×2

$= \boxed{72} + \boxed{6} \times 2$

$= \boxed{72} + \boxed{12} = \boxed{84}$ (cm^2)

例題２ 底面の半径が 4 cm，高さが15cmの円柱の表面積を求めなさい。

〈解答〉

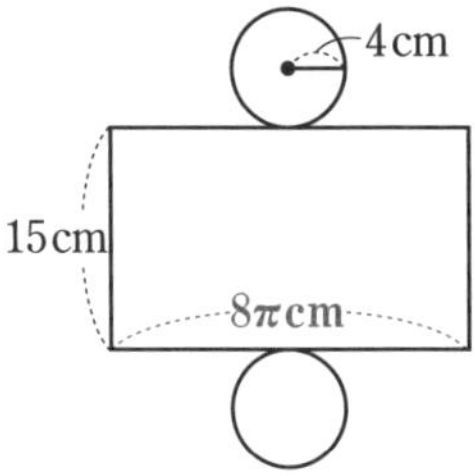

側面積　$15 \times (2\pi \times \boxed{4}) = \boxed{120\pi}$

底面積　$\pi \times \boxed{4^2} = \boxed{16\pi}$

表面積　$\boxed{120\pi} + \boxed{16\pi} \times 2$

$= \boxed{120\pi} + \boxed{32\pi} = \boxed{152\pi}$ (cm^2)

要点

・**角錐，円錐の表面積＝(側面積)＋(底面積)**

円錐の側面積を求めるときは，おうぎ形の面積を求める公式　$S=\pi r^2\times\dfrac{a}{360}$ を利用する。

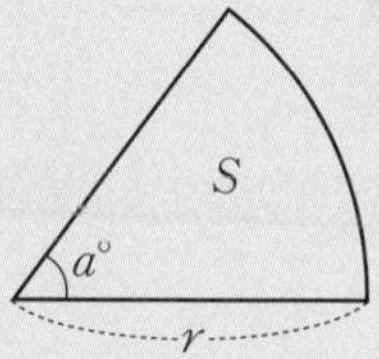

★円錐の側面積は，$\pi\times(\text{母線の長さ})^2\times\dfrac{(\text{底面の半径})}{(\text{母線の長さ})}$

でも求めることができる。

（本書p.125の「この考え方も身につけよう」も見てみよう。）

重要例題

例題 1 右の円錐の展開図で，おうぎ形OABの中心角を求めなさい。

また，円錐の表面積を求めなさい。

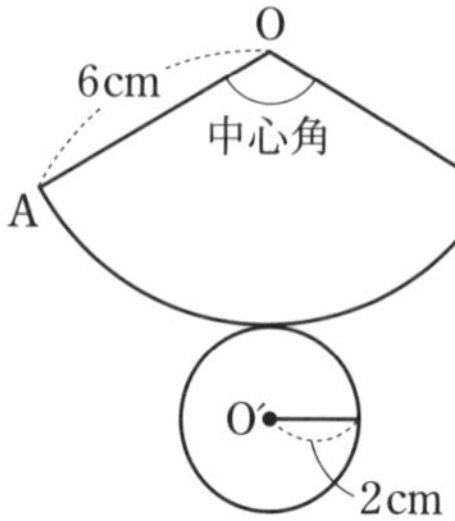

〈解答〉 $\overset{\frown}{AB}$の長さは，円O′の円周に等しいから，

$\overset{\frown}{AB}=2\pi\times\boxed{2}=\boxed{4\pi}$(cm)

円Oの円周の長さは，

$2\pi\times\boxed{6}=\boxed{12\pi}$(cm)

$\overset{\frown}{AB}$の長さは，円Oの円周の

$\dfrac{\boxed{4}\pi}{\boxed{12}\pi}$，すなわち$\dfrac{\boxed{1}}{\boxed{3}}$

であるから，おうぎ形OABの中心角は，

$360°\times\dfrac{\boxed{1}}{\boxed{3}}=\boxed{120}°$

側面積は，$\pi\times6^2\times\dfrac{\boxed{120}}{360}=\boxed{12\pi}$(cm^2)

底面積は，$\pi\times\boxed{2^2}=\boxed{4\pi}$(cm^2)

したがって，表面積は$\boxed{16\pi}$(cm^2)となる。

$\pi\times(\text{母線の長さ})^2\times\dfrac{(\text{底面の半径})}{(\text{母線の長さ})}$

でも求めることができる

$\pi\times6^2\times\dfrac{2}{6}=\pi\times6\times2$

$=12\pi$

要点 ❸ 球の体積と表面積 教 p.215〜p.217

球の体積……半径 r の球の体積 V は，

$$\boldsymbol{V=\frac{4}{3}\pi r^3}$$

球の表面積……半径 r の球の表面積 S は，

$$\boldsymbol{S=4\pi r^2}$$

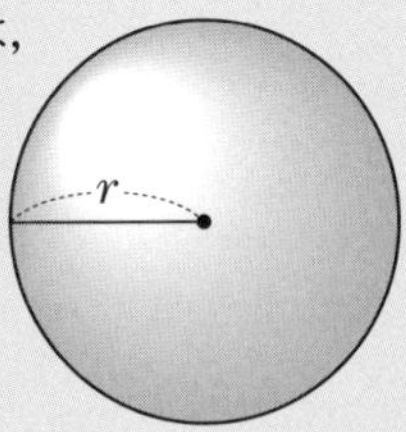

重要 例題

例題 1 半径が 10 cm の球の体積と表面積を求めなさい。

〈解答〉 体　積　$\boxed{\frac{4}{3}\pi}\times 10^{\boxed{3}}=\boxed{\frac{4000}{3}}\pi\,(\mathrm{cm}^3)$

表面積　$\boxed{4}\,\pi\times 10^{\boxed{2}}=\boxed{400}\,\pi\,(\mathrm{cm}^2)$

例題 2 右の図は，半径 3 cm の球を半分に切った半球である。この半球の体積と表面積を求めなさい。

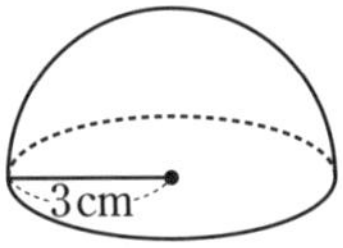

〈解答〉 この半球の体積は，半径 3 cm の球の体積の $\boxed{\frac{1}{2}}$ になるので，半球の体積は

$$\boxed{\frac{4}{3}}\pi\times\boxed{3^3}\times\boxed{\frac{1}{2}}=\boxed{18\pi}\,(\mathrm{cm}^3)$$

この半球の表面積は，半径 3 cm の球の表面積の $\boxed{\frac{1}{2}}$ と，切り口の半径 3 cm の円の面積を加えたものとなる。

←球の表面積の半分だけではないことに注意する

球の表面積の $\frac{1}{2}$ は　$\boxed{4}\,\pi\times\boxed{3^2}\times\frac{1}{2}=\boxed{18\pi}$

切り口の円の面積は　$\pi\times\boxed{3^2}=\boxed{9\pi}$

したがって，この半球の表面積は

$$\boxed{18}\,\pi+\boxed{9}\,\pi=\boxed{27\pi}\,(\mathrm{cm}^2)$$

用語・公式 check!

□底面積が12cm^2，高さが5 cmの三角柱の体積を求めなさい。	60cm^3
□底面の直径が4 cm，高さが3 cmの円柱の体積を求めなさい。	12$\pi$$cm^3$
□底面積が30cm^2，高さが5 cmの正四角錐の体積を求めなさい。	50cm^3
□底面積が9$\pi$$cm^2$，高さが6 cmの円錐の体積を求めなさい。	18$\pi$$cm^3$
□底面積が16$\pi$$cm^2$，高さが6 cmの円錐の体積を求めなさい。	32$\pi$$cm^3$
□底面の半径が1 cm，高さが3 cmの円錐の体積を求めなさい。	$\pi$$cm^3$
□立体のすべての面の面積の和を何というか。	表面積
□立体の側面全体の面積を何というか。	側面積
□立体の1つの底面の面積を何というか。	底面積
□底面の半径が5 cmの円柱の底面積を求めなさい。	25$\pi$$cm^2$
□底面の半径が5 cm，高さが10cmの円柱の側面積を求めなさい。	100$\pi$$cm^2$
□右の角柱の側面積を求めなさい。	132cm^2

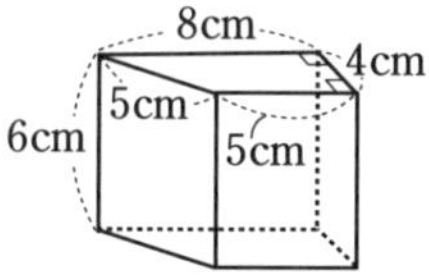

□半径$r$cmの球の体積を求めなさい。	$\frac{4}{3}\pi r^3$$cm^3$
□半径$r$cmの球の表面積を求めなさい。	$4\pi r^2$$cm^2$
□半径2 cmの球の体積を求めなさい。	$\frac{32}{3}\pi$$cm^3$

節末練習問題 教 p.217

〔円錐の表面積・体積〕

でる **1** 右の図の円錐の展開図をかくとき，次の問に答えなさい。

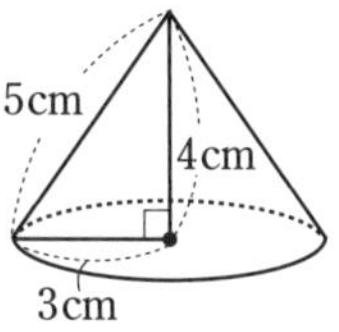

アドバイス

円錐の表面積は展開図をかいて求めるとよい。

(1) おうぎ形の中心角は何度にすればよいか。

$360° \times \dfrac{6\pi}{10\pi} = 216°$

(　216°　)

(2) この円錐の側面積を求めなさい。

$\pi \times 5^2 \times \dfrac{216}{360} = \pi \times 5^2 \times \dfrac{3}{5} = 15\pi$

(　$15\pi cm^2$　)

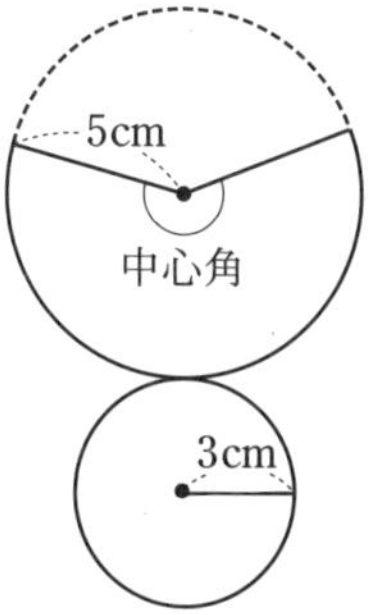

(3) この円錐の表面積を求めなさい。

$15\pi + \pi \times 3^2 = 24\pi$

(　$24\pi cm^2$　)

(4) この円錐の体積を求めなさい。

$\dfrac{1}{3} \times \pi \times 3^2 \times 4 = 12\pi$

(　$12\pi cm^3$　)

〔立体の表面積・体積〕

2 次の立体の表面積と体積を求めなさい。

(1) 底面の直径が 6 cm，高さが 9 cmの円柱

$9 \times 6\pi + \pi \times 3^2 \times 2 = 54\pi + 9\pi \times 2 = 72\pi$　(表面積　$72\pi cm^2$　)

$\pi \times 3^2 \times 9 = 81\pi$　(体積　$81\pi cm^3$　)

(2) 半径 6 cmの球

$4\pi \times 6^2 = 144\pi$　(表面積　$144\pi cm^2$　)

$\dfrac{4}{3}\pi \times 6^3 = 4\pi \times 6^2 \times 2 = 288\pi$　(体積　$288\pi cm^3$　)

3 底面の 1 辺が12cm，高さが12cmの正四角錐の体積を求めなさい。

$\dfrac{1}{3} \times 12 \times 12 \times 12 = 4 \times 12 \times 12 = 576$　(　$576cm^3$　)

これが出る! 定期テスト対策

でる **1** 右の図は底面が１辺５cmの正三角形の三角柱である。

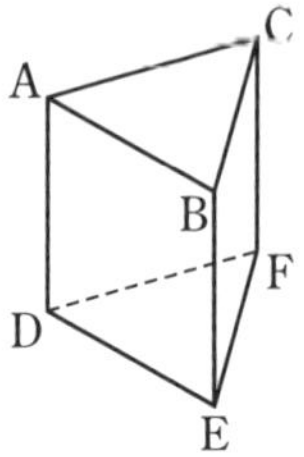

(1) 四角形ADEBが正方形のとき，この三角柱の高さを求めなさい。 （ 5cm ）

(2) 辺EFとねじれの位置にある辺はどれか。

（ 辺AB，辺AC，辺AD ）

(3) 辺ADと垂直な辺はどれか。

（ 辺AC，辺DF，辺AB，辺DE ）

(4) 辺BEと垂直な面はどれか。 （ 面ABC，面DEF ）

2 正多面体について，次の問に答えなさい。

(1) 正四面体の面の形と面の数を答えなさい。

（ 正三角形，4 ）

(2) 正六面体の面の形と頂点の数を答えなさい。

（ 正方形，8 ）

(3) 正八面体の面の形と辺の数を答えなさい。

（ 正三角形，12 ）

(4) 正十二面体の面の形と面の数を答えなさい。

（ 正五角形，12 ）

(5) 正二十面体の面の形と辺の数を答えなさい。

（ 正三角形，30 ）

3 底面の周の長さが20cm，面積が30cm^{2}で，高さが10cmの角柱の体積と表面積を求めなさい。

体積　30×10＝300　　表面積　10×20＋30×2＝260

（体積　300cm^3　　表面積　260cm^2 ）

4　右の正四角錐の表面積を求めなさい。

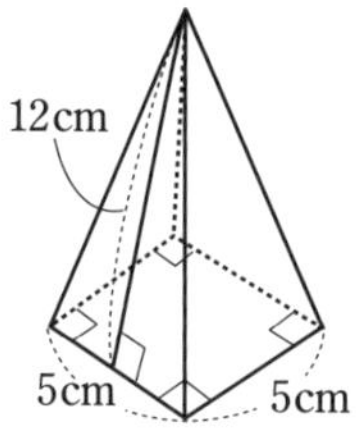

側面積$=\left(\frac{1}{2}\times5\times12\right)\times4$

$=120$

底面積$=5\times5=25$

$120+25=145$

（　145cm^2　）

5　右の円錐の表面積を求めなさい。

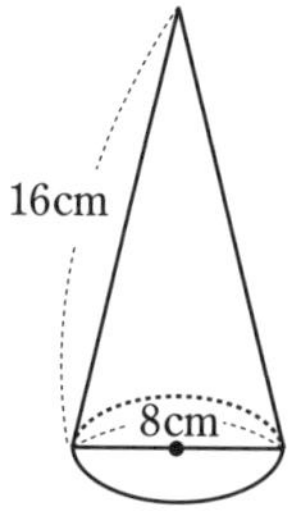

側面積$=\pi\times16^2\times\frac{8\pi}{32\pi}$

$=\pi\times16^2\times\frac{1}{4}=64\pi$

底面積$=\pi\times4^2=16\pi$

$64\pi+16\pi=80\pi$

（　80πcm^2　）

6　下の図のような平面図形を，辺ADを軸として回転させてできる立体について，次の問に答えなさい。

(1)　できる立体の見取図をかきなさい。

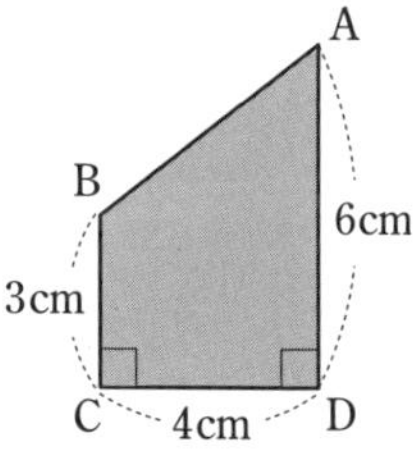

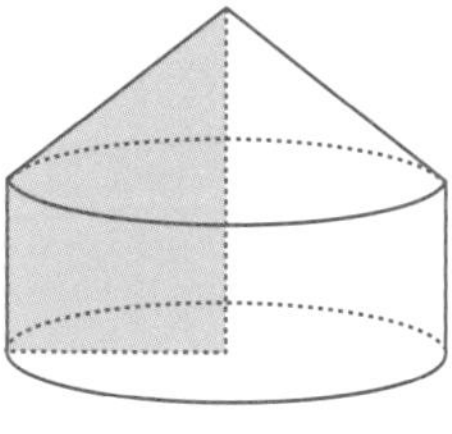

(2)　この立体の体積を求めなさい。

円錐の部分の体積　$\frac{1}{3}\times\pi\times4^2\times(6-3)=\frac{1}{3}\pi\times16\times3=16\pi$

円柱の部分の体積　$\pi\times4^2\times3=48\pi$

$16\pi+48\pi=64\pi$

（　64πcm^3　）

7　下の図の三角柱で，点Bから辺CF上の点，辺AD上の点を通り，この三角柱の表面にそって点Eまでいくときの最短の道のりを展開図に示しなさい。

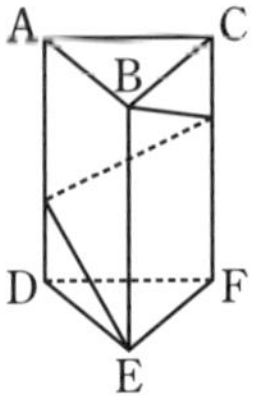

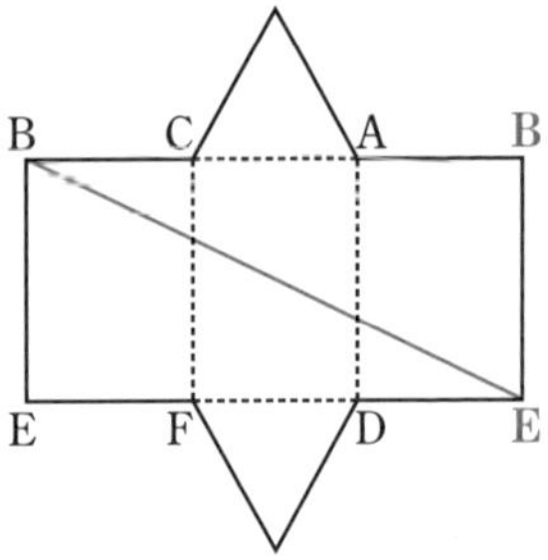

最短の道のりは，BとEを結ぶ線分となる。

8　右の図のような円錐と円柱がある。円柱の体積は，円錐の体積の何倍か求めなさい。

円錐の体積　$\frac{1}{3}\times\pi\times3^2\times5=15\pi$

円柱の体積　$\pi\times3^2\times10=90\pi$

$90\pi\div15\pi=6$(倍)

(別解)　円柱を高さ5cmで2つに分ける。

$3\times2=6$(倍)

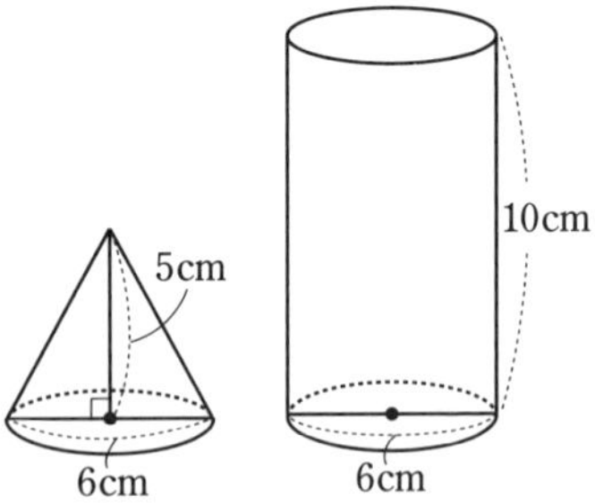

(　6倍　)

9　図1は，正方形とおうぎ形を組み合わせた図形である。この図形を，直線ℓを軸として回転させると，図2のような立体ができる。この立体の体積と表面積を求めなさい。

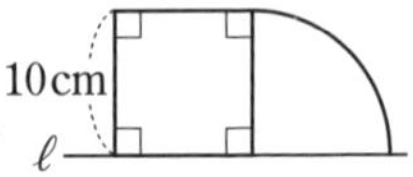

図1

体積　$\pi\times10^2\times10+\frac{4}{3}\pi\times10^3\times\frac{1}{2}=1000\pi+\frac{2000}{3}\pi=\frac{5000}{3}\pi$

表面積　$\pi\times10^2+2\pi\times10\times10+4\pi\times10^2\times\frac{1}{2}$

$=100\pi+200\pi+200\pi=500\pi$

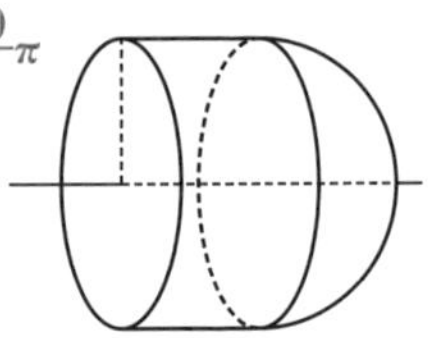

図2

(体積　$\frac{5000}{3}\pi\mathrm{cm}^3$　　表面積　$500\pi\mathrm{cm}^2$　)

この考え方も 身につけよう

円錐の展開図の側面になるおうぎ形の中心角

$$360° \times \frac{(\text{底面の半径})}{(\text{母線の長さ})}$$

側面積

$$\pi \times (\text{母線の長さ})^2 \times \frac{(\text{底面の半径})}{(\text{母線の長さ})}$$

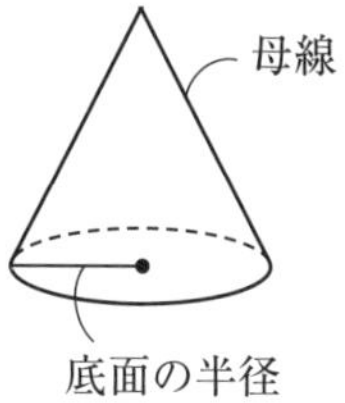

右の図の円錐で，

展開図の側面になるおうぎ形の中心角は

$$360° \times \frac{r}{R}$$

側面積は

$$\pi \times R^2 \times \frac{r}{R}$$

（中心角は360°の $\frac{2\pi r}{2\pi R} = \frac{r}{R}$ （倍）

側面積は半径 R cmの円の面積の $\frac{2\pi r}{2\pi R} = \frac{r}{R}$ （倍））

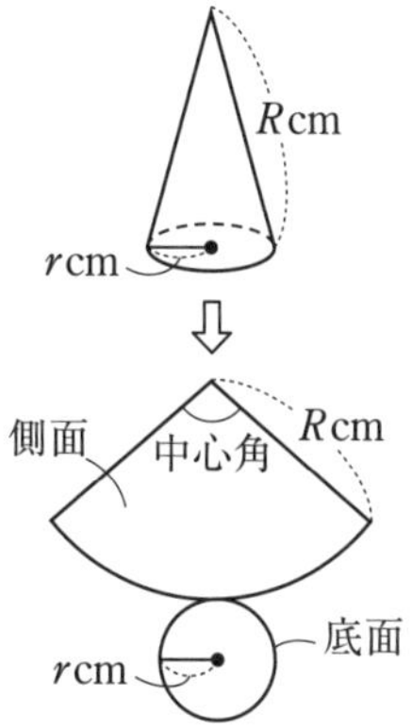

問 右の図の円錐について，次の問に答えなさい。

(1) 展開図の側面になるおうぎ形の中心角を求めなさい。

$360° \times \frac{10}{24} = 150°$

（ 150° ）

(2) 側面積を求めなさい。

$\pi \times 24^2 \times \frac{10}{24} = 240\pi$

（ 240π cm^2 ）

(3) 表面積を求めなさい。

$240\pi + \pi \times 10^2 = 340\pi$

（ 340π cm^2 ）

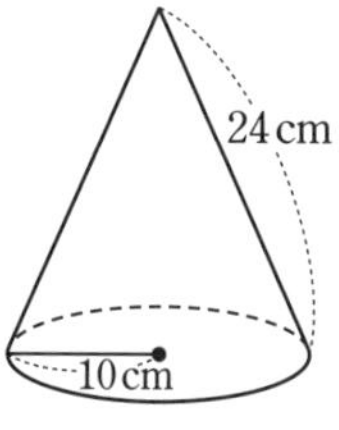

7章 データを活用して判断しよう
―データの分析と活用

1節 データの整理と分析　2節 データの活用

要点　1節 ❶ データの分布の見方 教 p.224～p.229

累積度数《るいせきどすう》……各階級について，最初の階級からその階級までの度数を合計したもの。

相対《そうたい》度数……$\dfrac{(\text{その階級の度数})}{(\text{度数の合計})}$

累積相対度数……各階級について，最初の階級からその階級までの相対度数を合計したもの。

立ち幅跳びの記録(中学1年生 女子)

記録(cm)	度数(人)	累積度数(人)	相対度数	累積相対度数
以上　未満				
120～135	2	2	0.07	0.07
135～150	3	5	0.10	0.17
150～165	6	11	0.20	0.37
165～180	9	20	0.30	0.67
180～195	7	27	0.23	0.90
195～210	3	30	0.10	1.00
合計	30		1.00	

ヒストグラム(柱状グラフ)……度数の分布を表した図。

度数折れ線……度数の分布を折れ線で表したもの。

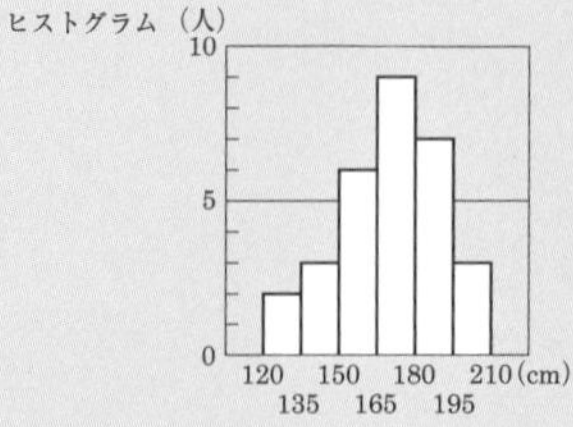

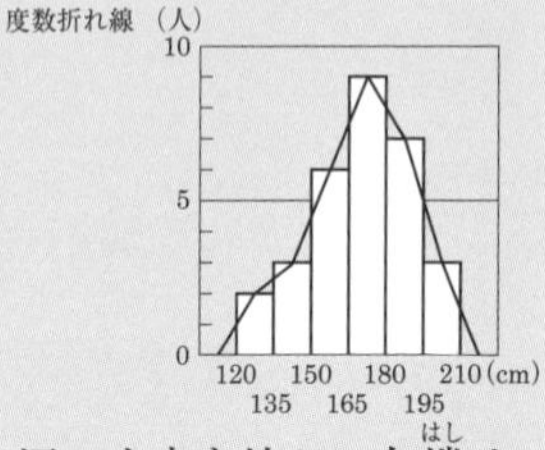

かき方 ヒストグラムで，おのおのの長方形の上の辺の中点を結ぶ。左端《はし》は1つ手前の階級の度数を0とし，右端は1つ先の階級の度数を0とする。

★小学校の学習

階級……データを整理するための区間　階級の幅《はば》……区間の幅

度数……各階級に入るデータの個数

度数分布表……データをいくつかの階級に分けて整理した表

重要！例題

例題1 右の度数分布表は，ある中学校の１年生の男子50人のハンドボール投げの記録をまとめたものである。

ハンドボール投げの記録(中学１年生 男子)

記録(m)	度数(人)	累積度数(人)	相対度数	累積相対度数
以上　未満				
10～15	6	6	0.12	㋕
15～20	10	㋐	㋒	0.32
20～25	16	㋑	0.32	㋖
25～30	13	45	㋓	0.90
30～35	5	50	0.10	1.00
合計	50		㋔	

(1)　階級の幅をいいなさい。

(2)　25m投げた生徒は，どの階級に入るか。

(3)　㋐，㋑にあてはまる累積度数を求めなさい。

(4)　短いほうから数えて，17番目の生徒は，どの階級に入っているか。

(5)　㋒，㋓，㋔にあてはまる相対度数を求めなさい。

(6)　㋕，㋖にあてはまる累積相対度数を求めなさい。

(7)　右の①，②のグラフの名前をそれぞれ答えなさい。

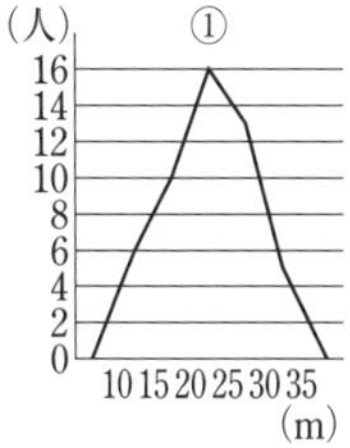

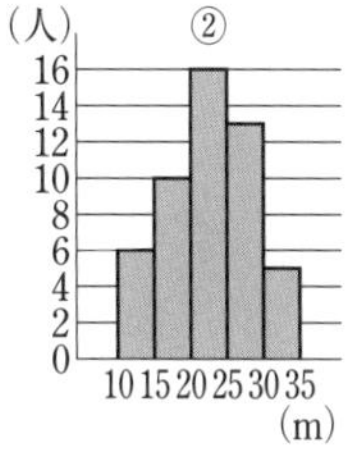

〈解答〉 (1)　**5cm**　←15−10=5

(2)　「25m未満」は25mをふくまず，「25m以上」は25mをふくむので，**25m以上30m未満** の階級に入っている。

(3)　㋐　6＋ **10** ＝ **16** (人)　　㋑　16＋ **16** ＝ **32** (人)

(4)　累積度数より，この生徒の階級は **20m以上25m未満**

(5)　㋒　階級の度数は **10** 人，度数の合計は **50** 人なので，相対度数は $\frac{10}{50}$ ＝ **0.20**　同じように，㋓の相対度数は **0.26**

㋔は相対度数の合計なので **1.00**

(6)　㋕　0.12　　㋖　0.32＋ **0.32** ＝ **0.64**

(7)　①　度数折れ線　　②　ヒストグラム(柱状グラフ)

要点 2節 ❷データの分布の特徴の表し方 教 p.230〜p.231

平均値……個々のデータの値の合計をデータの総数でわった値。

中央値(メジアン)……調べようとするデータの値を大きさの順に並べたときの中央の値。データの総数が偶数《ぐうすう》の場合は，中央にある 2 つの値の平均値を中央値とする。

最頻値(モード)……データの中で，もっとも多く出てくる値。度数分布表では，度数がもっとも多い階級の階級値。階級の真ん中の値を階級値という。

範囲《はんい》(レンジ)……データの散らばりぐあいを表す数値として，最大値から最小値をひいた値を，分布の範囲という。

★小学校の学習

代表値……データの分布の特徴を調べたり伝えたりするとき，**平均値**や**中央値**，**最頻値**などの**代表値**を用いることが多い。

注「≒」……「ほぼ等しい」ということを表す記号　例　0.9999≒1

重要例題

例題 1 次のデータは，8 人の生徒の数学のテストの点数を示したものである。

70，62，90，95，56，50，88，65　(単位　点)

平均値，中央値，点数の分布の範囲を求めなさい。

〈解答〉 平均値は(70+62+90+95+56+50+88+65)÷[8]=[72](点)

データを小さい順に並べると，50，56，62，65，70，88，90，95なので，

中央値は([65]+[70])÷2=[67.5](点) ← 4 番目と 5 番目の値の平均値

最大値は[95]，最小値は[50]なので，点数の分布の範囲は

[95]−[50]=[45](点)

用語・公式 check!

□各階級について，最初の階級からその階級までの度数を合計したものを何というか。	累積度数
□各階級の度数を長方形でグラフに表したものを［①］という。このグラフでは，それぞれの長方形の面積は，階級の度数に［②］している。	①ヒストグラム（柱状グラフ） ②比例
□各階級の度数を折れ線で表したものを何というか。	度数折れ線
□ある階級の度数を度数の合計でわった値を何というか。	相対度数
□各階級について，最初の階級からその階級までの相対度数を合計したものを何というか。	累積相対度数
□右の度数分布表で①に入るものは何か。	度数
□右の度数分布表で階級の幅は［　］点である。	10
□右の度数分布表で，10点以上20点未満の階級の相対度数は［　］である。	0.20
□右の度数分布表で，40点以上50点未満の階級の累積相対度数は［　］である。	1.00
□（［　］）＝（最大値）－（最小値）	範囲（レンジ）
□（［　］）＝（個々のデータの値の合計）÷（データの総数）	平均値
□調べようとするデータの値を大きさの順に並べたときの中央の値を何というか。	中央値（メジアン）
□階級の真ん中の値を何というか。	階級値
□度数分布表で度数のもっとも多い階級の階級値を何というか。	最頻値（モード）
□上の度数分布表の最頻値は［　］である。	25点

得点（点）	［①］（人）
以上　未満	
0～10	0
10～20	2
20～30	5
30～40	2
40～50	1
計	10

節末練習問題 教 p.232

〔データの分析〕

時間(分)	度数(人)	相対度数
以上　未満		
0～ 30	3	0.075
30～ 60	5	0.125
60～ 90	8	0.200
90～120	15	0.375
120～150	4	0.100
150～180	3	0.075
180～210	2	0.050
計	40	1.000

でる **1**　右の表は，40人の生徒がある日にテレビを見た時間を度数分布表に整理したものである。

(1)　階級の幅をいいなさい。

30－0＝30　　（　30分　）

(2)　120分の生徒は，どの階級に入るか。

（　120分以上150分未満　）

(3)　最頻値を求めなさい。

度数のもっとも多い階級は，90分以上120分未満

その階級値は，$\frac{90+120}{2}=105$　（　105分　）

(4)　ヒストグラムに表しなさい。

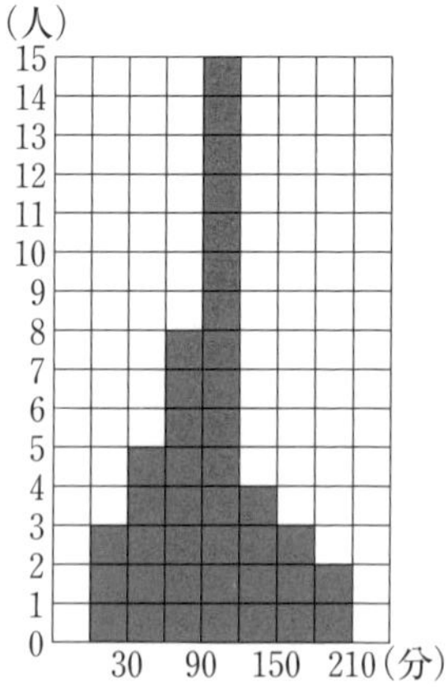

(5)　表の相対度数の空らんをうめなさい。

8÷40＝0.2，4÷40＝0.1，2÷40＝0.05

(6)　表の60分以上90分未満の階級の累積相対度数を求めなさい。

0.075＋0.125＋0.200＝0.400　（　0.400　）

〔代表値と範囲〕

2　下のデータは，10人の生徒の単語テストの点数を示したものである。

12，8，10，19，11，10，16，12，7，15　（単位　点）

(1)　得点の分布の範囲を求めなさい。

最大値19点，最小値7点より，19－7＝12　（　12点　）

(2)　平均値を求めなさい。

(12＋8＋10＋19＋11＋10＋16＋12＋7＋15)÷10＝120÷10＝12　（　12点　）

(3)　中央値を求めなさい。小さい順に並べると，7，8，10，10，11，12，12，15，16，19より，(11＋12)÷2＝11.5

（　11.5点　）

3 節　ことがらの起こりやすさ

要点

❶ 起こりやすさの表し方　教 p.236〜p.239

確率《かくりつ》

結果が偶然《ぐうぜん》に左右される実験や観察を行うとき，あることがらが起こると**期待される程度を数で表したものを**，そのことがらの起こる**確率**という。

例　さいころを多数回投げる実験

➡ 1の目が出る相対度数は，ある値《あたい》にかぎりなく近づいていく。

注 確率が p ……同じ実験や観察を多数回くり返すとき，そのことがらの起こる相対度数が p にかぎりなく近づくという意味。

重要例題

例題 1 下の表は，ある画びょうを投げたときの回数と，針が上を向いた回数について記録したものである。

投げた回数	100	200	300	400	500
上を向いた回数	72	141	203	275	345

(1) 上を向く場合と下を向く場合の，どちらが起こりやすいと考えられるか。

(2) 投げる回数を増やしていくと，上を向く場合の相対度数は，どんな値に近づくと考えられるか。小数第3位まで求めなさい。

〈解答〉 (1) 上を向く場合が起こりやすいと考えられる。

(2) それぞれの相対度数は，100回… **0.720** ，200回… **0.705** ，300回… **0.677** ，400回… **0.688** ，500回… **0.690** 　答 **0.690**

用語・公式 check!

□結果が偶然に左右される実験や観察を行うとき，あることがらが起こると期待される程度を数で表したものを，そのことがらの起こる［　］という。　　確率

□確率が p であるということは，同じ実験や観察を多数回くり返すとき，そのことがらの起こる相対度数が［　］にかぎりなく近づくという意味をもつ。　　p

節末練習問題

〔ことがらの起こりやすさ〕

1　下の表は，あるびんの王冠《おうかん》を投げたときの結果である。

投げた回数	100	500	1000	1500	2000
表が出た回数	36	165	341	525	681
表が出る相対度数	0.36	0.33	0.34	0.35	0.34

(1)　表，裏どちらが出るほうが起こりやすいと考えられるか。

（　裏　）

(2)　表が出る相対度数をグラフに表しなさい。

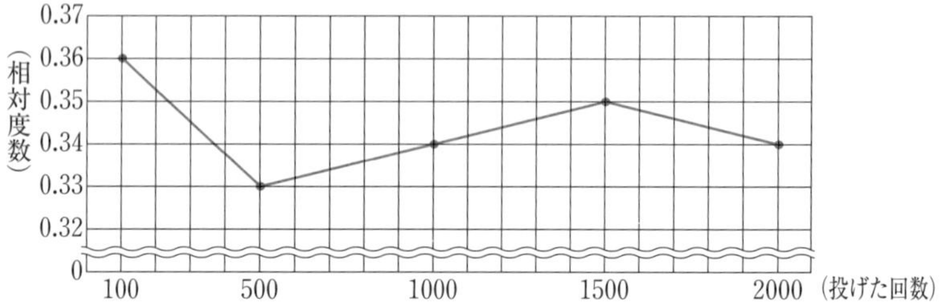

(3)　上の表で，表が出る相対度数は，投げる回数を増やすにつれてどんな値に近づくと考えられるか。

（　0.34　）

これが出る! 定期テスト対策

でる **1** 右の表は，男子20人の50ｍ走の記録を，度数分布表に整理したものである。

記録(秒)	度数(人)
以上　未満	
7.0～ 7.5	2
7.5～ 8.0	5
8.0～ 8.5	4
8.5～ 9.0	3
9.0～ 9.5	2
9.5～10.0	1
10.0～10.5	1
10.5～11.0	2
計	20

⑴ 階級の幅をいいなさい。

$7.5-7.0=0.5$

（ **0.5秒** ）

⑵ 最頻値を求めなさい。

$\frac{7.5+8.0}{2}=7.75$

（ **7.75秒** ）

⑶ 7.5秒以上8.0秒未満の階級の相対度数を求めなさい。

$5\div20=0.25$

（ **0.25** ）

⑷ 速いほうから数えて，10番目の生徒は，どの階級に入っているか。

（ **8.0秒以上8.5秒未満** ）

2 下のデータは，A班とB班の生徒にそれぞれクイズを10問出して，1問正解するごとに1点を与えていったときの得点の結果である。

A班　6，4，10，1，5，10
B班　7，8，5，4，7　　（単位　点）

⑴ それぞれの班の得点の分布の範囲を求めなさい。

A班　$10-1=9$，B班　$8-4=4$

（A班　**9点**　，B班　**4点**　）

⑵ それぞれの班の平均値を求めなさい。

A班　$(6+4+10+1+5+10)\div6=36\div6=6$
B班　$(7+8+5+4+7)\div5=31\div5=6.2$

（A班　**6点**　，B班　**6.2点**　）

⑶ それぞれの班の中央値を求めなさい。

小さい順に並べると　A班　1，4，5，6，10，10→$(5+6)\div2=5.5$
B班　4，5，7，7，8

（A班　**5.5点**　，B班　**7点**　）

でる **3** 右のヒストグラムは，女子のハンドボール投げの記録を表している。

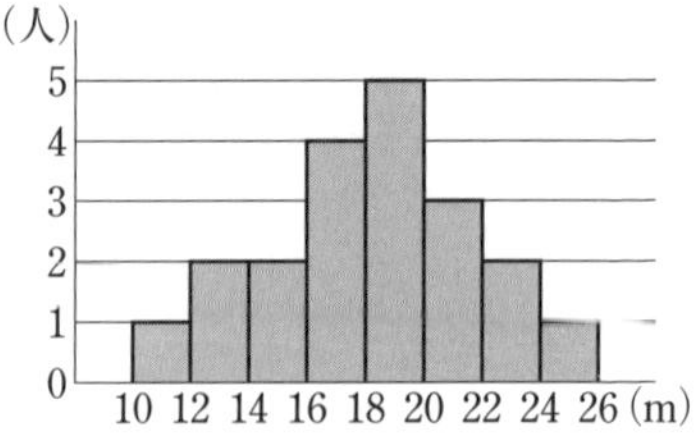

(1) 全体の人数を求めなさい。

1+2+2+4+5+3+2+1=20

（ 20人 ）

(2) 20m以上22m未満の階級の相対度数はいくらか。3÷20=0.15

（ 0.15 ）

(3) 記録が20m以上の生徒の割合は，全体の何%か。

(3+2+1)÷20=6÷20=0.3

（ 30% ）

(4) このヒストグラムを度数分布表で表したときの最頻値を答えなさい。

もっとも度数が多いのは，18m以上20m未満なので，

その階級値は $\frac{18+20}{2}=19$

（ 19m ）

4 右の表は，1つのさいころを投げた回数と，1の目が出た回数を記録したものです。

投げた回数	1の目が出た回数	相対度数
200	36	㋐
400	71	0.178
600	92	0.153
800	130	0.163
1000	164	0.164
1200	205	0.171
1400	234	0.167
1600	267	0.167
1800	300	0.167

(1) 1の目が出る場合と1以外の目が出る場合は，どちらが起こりやすいと考えられるか。

（ 1以外の目が出る場合 ）

(2) 表の㋐にあてはまる相対度数を求めなさい。

36÷200=0.18

（ 0.180 ）

(3) 表から，さいころを投げる回数を増やすと，1の目が出る場合の相対度数がある値に近づくと考えられる。ある値を答えなさい。

（ 0.167 ）

でる **5** 右の表は，ある中学校の1年2組の女子と1年女子の50m走の記録を，度数分布表に整理したものである。

記録(秒)	2組女子度数(人)	1年女子度数(人)
以上　未満 7.0 ～ 7.5	1	4
7.5 ～ 8.0	5	10
8.0 ～ 8.5	7	17
8.5 ～ 9.0	7	13
9.0 ～ 9.5	3	4
9.5 ～ 10.0	1	2
合計	24	50

(1) 8.0秒の記録は，どの階級に入るか。

(　8.0秒以上8.5秒未満　)

(2) 1年女子の記録の最頻値を求めなさい。

(　8.25秒　)

(3) 2組女子の記録の中央値は，どの階級に入るか。

(　8.0秒以上8.5秒未満　)

(4) 2組女子の度数分布表で，8.0秒以上8.5秒未満の階級の累積度数を求めなさい。

1+5+7=13　(　13人　)

(5) 1年女子の度数分布表をもとに，ヒストグラムを右の図に表しなさい。

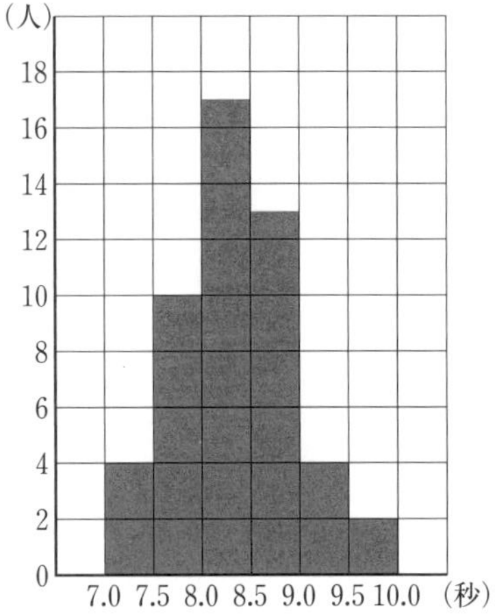

(6) 2組女子と1年女子について，7.5秒以上8.0秒未満の階級の累積相対度数を，それぞれ小数第2位まで求めなさい。

(2組女子　0.25　)

(1年女子　0.28　)

2組女子…(1+5)÷24=0.25

1年女子…(4+10)÷50=0.28

(7) 記録が8.0秒未満の生徒の割合を比べてわかることをいいなさい。

(　(例) 2組女子のほうが，8.0秒未満の生徒の割合が少ない。　)

6 下のデータは，ある12人の生徒が，先月１か月間に図書館から借りて読んだ本の冊数である。

1　3　3　4　5　5　6　6　6　7　8　12　（単位　冊）

(1) 冊数の分布の範囲を求めなさい。

12−1=11　（ 11冊 ）

(2) このデータの最頻値を求めなさい。

（ 6冊 ）

(3) このデータの平均値を求めなさい。

(1+3+3+4+5+5+6+6+6+7+8+12)÷12=5.5　（ 5.5冊 ）

(4) このデータの中央値を求める場合，小さい順に並べて何番目と何番目の値を見ればよいか。

（ 6番目と7番目 ）

(5) このデータの中央値を求めなさい。

6番目は5冊，7番目は6冊なので，(5+6)÷2=5.5　（ 5.5冊 ）

(6) 下の表は，上のデータを度数分布表に整理したものである。累積相対度数を求めなさい。

記録(冊)	度数(人)	相対度数	累積相対度数
以上　未満 0 ～ 3	1	0.083	0.083
3 ～ 6	5	0.417	0.500
6 ～ 9	5	0.417	0.917
9 ～ 12	0	0.000	0.917
12 ～ 15	1	0.083	1.000
合計	12	1.000	